认知跃迁

CTO 写给程序员的 26 节成长课

乔新亮 著

人民邮电出版社

北 京

图书在版编目（CIP）数据

认知跃迁：CTO写给程序员的26节成长课 / 乔新亮
著. -- 北京：人民邮电出版社，2025. -- ISBN 978-7
-115-66636-9

Ⅰ. TP311.1

中国国家版本馆 CIP 数据核字第 20250SU690 号

内 容 提 要

本书从职业生涯规划出发，提供了一条从技术人转变为优秀 CTO 的成长路径。书中围绕个人认知、管理工作和专业成长三大方面，精心设计了 26 节成长课。每一节课都是对行业洞察和实践经验的深刻总结，旨在帮助读者在快速变化的技术浪潮中，稳固根基，实现自我超越，最终成为引领行业变革的思想领袖和高效决策者。

本书适合那些希望提升管理能力的技术背景职场人士、有意向成为技术管理者的专业人士、寻求职业发展和个人成长的技术管理者，以及对技术行业趋势和个人职业规划感兴趣的非技术人阅读。

◆ 著　　　　乔新亮
　责任编辑　卜一凡
　责任印制　王　郁　焦志炜

◆ 人民邮电出版社出版发行　　北京市丰台区成寿寺路 11 号
　邮编　100164　　电子邮件　315@ptpress.com.cn
　网址　https://www.ptpress.com.cn
　三河市中晟雅豪印务有限公司印刷

◆ 开本：880×1230　1/32
　印张：10　　　　　　　　　2025 年 4 月第 1 版
　字数：209 千字　　　　　　2025 年 4 月河北第 1 次印刷

定价：69.80 元

读者服务热线：(010)81055410　印装质量热线：(010)81055316
反盗版热线：(010)81055315

序·我被老乔"洗脑"了

你好，朋友，我是王一鹏，从前是个程序员，现在是媒体行业的从业者，既是老乔的"徒弟"，也是老乔的朋友。

2020年，我突然接到了一个临时任务：以采编的形式，和彩食鲜CTO乔新亮老师合作一个专栏，聊聊他作为一名曾管理过万人团队、拿过千万年薪的CTO，是如何思考、成长和复盘的。

虽然彼时我是在TGO鲲鹏会负责内容工作，与极客时间专栏业务并无交集，但我觉得这事儿太有意思了，几乎没有犹豫，就接下了任务。

要成事，缘分很重要。现在回想起来，这次专栏合作，既是本书的缘起，也直接改变了我的职业生涯——作为一个媒体行业的从业者，我完全被老乔"洗脑"了，而且以此为傲。

我必须要强调，媒体人通常以"被洗脑"为耻——这无益于发掘真知。但媒体人也是人，终究要寻求某种自我认知上的闭环，为"我心"找个"归处"。

而被老乔"洗脑"，就是达成了这种闭环，我可以举两个例子来说明这种情况。

2020年，我处于空前忙碌的工作状态，所有业务需求井喷式爆发。当时，我可以说一睡醒就要立刻开始工作，一直工作到上床以前，有时甚至要连轴转，没觉可睡。

应该说，忙归忙，但我还是挺开心的，以至于给自己主动安排了许多工作。

因为老乔对我讲，工作是为了成长，薪资只是附属价值；另外，人每 5 年就要登上一个台阶，我正处于职业生涯"登台阶"的关键时间点，忙和累都是很正常的。

更重要的是，我认识到，没有人强迫我加班，当下的所有路，都是我自己选择的结果。这是我个人为了成长，争取到的锻炼机会。

所以，虽然我很累，但我从不觉得委屈。

前段时间，有人在公司每周站会上开玩笑说，如果周末接到加班通知，第一步是"破防"，第二步是解决"破防"，第三步才是加班。

我直接省掉了前两步。

另一个例子与我的妻子有关。和老乔配合写专栏的那年，她正好在谋求跳槽，要去北京东三环附近面试一个运营岗位。临行前一晚，她问我："如果面试官问我对未来有什么规划，我应该怎么回答？"

我将老乔教给我的东西转述给了她："你告诉面试官，你要做 T 形人才，先努力打磨自己的产品运营能力，再横向拓展，接触不同业务。目标是能够协同团队一起创造价值，一切工作都以成就业务为目的。"

一套一套的，脱口而出，让我看起来有点像成功学讲师。我私以为，所有与成功学有关的命题，都是我的"敌人"，但不可否认的是，被老乔"洗脑"后，我们夫妻俩确实获得了一些好处——那次面试，有赖于我提供的"标准答案"，我的妻子成功通过终面，薪资增长 40%。

而我在专栏完成后，先后履任虎嗅网的科技与医疗组负责人、InfoQ 主编、InfoQ 总编辑、InfoQ 总经理，薪资也有很大增长。

忘记钱，才能真的赚到钱——我在老乔的指导下，成功实践了这一观点。自此我完全确信，老乔在 IBM 将年薪提升一个数量级的经历是完全有可能被复刻的，方法就在本书中。

当然，除了收入增长，能够参与制作这些内容本身也给我带来了巨大的快乐。

在与老乔对话的半年里，我解决了自身的许多疑问：

- 自己的成长处于哪个阶段，是慢了还是快了？
- 初级领导者为何这么忙，如何"闲"下来？
- 要成为卓越的技术管理者，有哪些工作要重点完成、优先完成？
- 如何成为一个卓越的架构师？

……

在知识输入的过程中，我甚至表现出了某种"泛化能力"：我开始能更好地理解 CEO 们或是一些公众人物的所思所想。

比如，我曾看到一段关于董明珠的视频采访，有记者问董明珠，在整个职业生涯里，她是否犯过错。董明珠坚定地答道，没有，一个错都没犯过。

记者很错愕，在她看来，人非圣贤，孰能无过？可无论如何追问，董明珠都是一口咬定："没犯过错""一个错也没犯过""我的职位不允许我犯错"……

后来记者指出，你要求每一位格力员工穿工作服，但自己却不穿，这算不算犯错？董明珠有点不好意思："如果我真的犯了错，那么可能就是没穿工作服吧。除此之外，我没犯过错。"

看到这一幕时，我十分费解：这几乎不是自信，而是某种偏执了，为什么她坚持称自己没犯过错？直到开始组织专栏内容，老乔多次聊到他是如何走出抑郁症、如何培养"成长型思维"以及必要的"阿 Q 精神"时，我才恍然大悟：董明珠的反应可能也是一种高压之下的心理建设，像她一般强势且处于舆论焦点的女性企业家只能也必须这样说服自己，否则就会在狂风暴雨般的质疑下，陷入无尽的自我怀疑，其领导力会急转直下。

好的泛化能力来自好的数据和触及本质的问题解构。从我开始筹备专栏内容，再到今天新书出版，5 年时间过去了，我和老乔始终相信，我们在内容策划上的路线是正确的。

比如在组织"专业成长"部分的内容时，我们做了非常多的讨论。

究竟是应该先画上一堆架构图，再贴上许多代码段，讲点技术干货，还是应该自顶向下，讲讲老乔关于架构设计的理解、认知和经验？前者虽然看起来可能比较"干燥"，但是有助于专栏大卖；后者看起来像是"灌水"，可能会为人所诟病。

我们甚至讨论过，干脆别讲"专业成长"，因为越容易理解的内容，受众越广泛，销量越高。相比于个人认知和管理工作，专业成长方面的内容有一定的理解难度。

但最终，我们还是决定要讲"专业成长"，而且视角要足够高，不谈过多的技术细节。

因为讲代码的老师太多了，但以下问题，敢于回答的人太少：

- "啃"完一本关于架构设计的大部头教程，我是否就具备了主导大型企业架构设计的能力？

- 如果不能，我还缺乏哪些能力？
- 我要掌握多少知识、具备多少能力，才能成为首席架构师？
- 我要用多长时间，才能成为首席架构师？
- 哪些架构能力是重要基础，哪些架构能力用到的机会很少？

……

为了更准确地描述这类问题，我将其称为"边界问题"，它们也是本书要重点解答的问题。

马拉松比赛全程为 42.195 千米。跑完全程对人体的呼吸系统、肠胃、肝脏以及跑步技巧都有要求，这些就是边界。你只有知晓边界的存在，才有可能正确评估自己的能力，进而做针对性的训练，提升成绩。

可在实际的工作中，边界往往比较模糊。

大部分人即使看过数十本讲产品设计的书，也无法成功主导一次企业级的产品设计；看了无数的"团队管理法则"，也成不了一名万人追随的 CTO。未能成事的原因不是他们不够聪明，而是不知道边界在哪里，主脉络在哪里，因此只能盲人摸象一般，走一步看一步。

幸运的是，老乔是行业内少有的敢于回答、能够回答上述问题的人。尤其是从 2021 年到 2024 年底，我结合自身的成长经历，对老乔的许多分享要点做了验证，包括但不限于：

- 做技术专家比做高级管理者更难，前者往往需要在行业中出类拔萃，才有广阔的发展空间；
- 对于新晋管理者而言，技术能力和管理工作必须两手抓，挤时间去做，补足成长；

- 能力强但价值观不吻合的人，要优先考虑调离团队，不要为招聘难度而发愁。

这些关键推论，不仅适用于技术行业，而且广泛适用于其他行业。其中曾被我忽视的部分最终都借某种负面结果回归了我的视野，让我懊恼不已。

专栏的创作逐渐演变成一场大型的认知共享和实践，也几乎完全改变了我和老乔之间的合作性质：它不再只是老乔个人作为 CTO 的复盘，也是我作为开发者、研发组长、技术总监、业务负责人的复盘。

因此，我常常回顾专栏的内容，在我遇到困难、事业不顺、内心陷入挣扎的诸多时刻，老乔那带着点家乡口音的普通话会重新回响在耳边，将我带回多年前组织专栏的那些不眠之夜，帮我找回初心，找到方法，也找到力量。

临近 2024 年底，人民邮电出版社信息技术分社社长陈冀康老师找到我，表示正在筹备将专栏改编为图书，我特别开心。

老乔常说：沟通创造价值，分享带来快乐。如果这些内容有幸与更多读者见面，对他们而言，都将是一个惊喜。

我无法想象，未来还有哪些工作能比我此刻辅助这本书的出版更有意义。哪怕只有一名读者因本书而获益，我和老乔都将欣喜不已。

本书特邀策划　王一鹏

2025 年 1 月

专栏读者好评

在技术管理领域耕耘多年后，我的职业发展似乎触碰到了天花板。幸运的是，在极客时间，我偶然发现了《乔新亮的 CTO 成长复盘》专栏。在了解了乔新亮老师的丰富职业背景后，我立刻被这个专栏深深吸引。

我对这个专栏的学习经历了 3 个阶段。

- 听音频：在通勤和散步时，我会泛听专栏音频，以此对专栏内容建立初步的认识。
- 阅读文字：在安静的环境中，我会仔细阅读专栏的文字内容，并结合自己的实际工作经验进行思考和总结。
- 阅读留言：留言区域是一个宝贵的学习资源，充满了其他学员的真实案例。乔老师对留言的回应既具针对性，也是对课程内容的极佳补充。

完成这个专栏的学习后，我最大的收获是认知的提升。专栏反复强调一个理念：正确的认知是职业成长的基础，尤其是要认识到职业规划的重要性，以及平台选择与个人努力之间的关系。专栏提倡每 5 年就要登上一个新台阶，通过不断学习和实践，实现自我提升。

此外，专栏中分享的实践经验极具实用性，为人才管理和团队建设提供了切实可行的操作指南，同时也为目标设定和复盘机制提供了宝贵的指导。

通过这个专栏，我对自己的职业发展路径有了更明确的规划，同时，在面对工作中的各种挑战时，我也变得更加沉稳和从容，能够以更平和的心态应对。

乔新亮老师将其多年的研发管理心得与在 CTO 生涯中积累的经验和智慧，毫无保留地展现在专栏之中。我强烈推荐每一位有志于提升自身技术管理能力的朋友都来学习这些内容。

祝愿本书能够畅销不衰，影响更多技术管理者走向成功！

——Weihua

感觉学习乔新亮老师的专栏似乎是很久以前的事情了，我翻阅了之前的留言，记忆逐渐复苏。

留言中提到："真诚，交流中最能被潜意识捕捉到的就是真诚。一场对话之后，内容真伪或许难以辨别，但交流真诚与否，却是清晰可感的。往往从对话刚开始的几句中，就能感受这次交流的基调。真诚的交流会让人认真对待每一句话，无论是批评还是赞扬；而缺乏真诚的交流，则让人转眼即忘。我深有体会，甚至有时觉得自己也不够真诚，回想起来不禁有些尴尬。"

这段留言让我对专栏内容的记忆瞬间清晰。乔老师课程的精髓——有一说一、有二论二、有三思三，又重新点亮了我的思维。坦白说，我最初购买这个专栏，是被"千万年薪 CTO 是如何炼成的"所吸引，心想区区几十元的投资，若能换来百万年薪已是巨大回报，更别提千万年薪的奢望。

然而，随着专栏内容的深入，我真正被乔老师字里行间的真诚所打动。他分享了自己的成长历程：实事求是地讲述 5 年一个新台阶的计划，坦诚地分享薪资翻倍的经历；不偏不倚地分析毕业后的职业选择，探讨工作与薪资的矛盾与平衡；真实地面对组织调整、强化协同、激发团队活力的挑战，展现了努力与运气并存的真实世界。每一部分都让我深切感受到乔老师的真诚。

转眼间，距这个专栏发布已经过去快 5 年。在学习这个专栏后的近 1300 天，我一直在提升自己，拓宽视野，将乔老师在专栏中分享的认知、管理和技术知识融入我的工作和生活，并激励周围的小伙伴一起致力于终身学习。这便是我致以这个专栏的最高敬意，也是它给予我的最大助益。

——术子米德

得知乔新亮老师即将出版新书的消息，我感到既惊讶又欣喜。惊讶的是，那些多年前的专栏内容竟然能被精心整理成图书；欣喜的是，这些内容将以全新的形式，帮助和启迪更多的读者。

我深有感触的是，大多数普通的技术从业者往往不清楚如何规划自己的职业发展，但内心却充满了成就事业的渴望。乔老师个人的职业成长经历，无疑为大家提供了一个极佳的参考范例。

乔老师的成长路径，对于无数辛勤工作的技术人员来说，是一种巨大的鼓舞。虽然每个人的生活轨迹各不相同，但能够从杰出人物的经历中汲取养分，无疑是一件非常有价值的事情。

乔老师以自己的成长故事为蓝本，从个人认知、管理工作和专业成长三个维度，分享了技术工作者如何更好地自我提升，为我们的努力指明了方向。要想深入了解这些智慧和经验，不妨在书中细细品味。

我最为触动的是乔老师提及的八字箴言："认知到位，彪悍执行。"如果说，知识和经验的积累是提升认知水平的捷径，那么，执行力和执行程度则是决定我们最终能力和竞争力的关键。乔老师所说的"彪悍"，精准地揭示了高效执行的精髓。

如果说优秀的想法价值百万，那么，卓越的执行则价值千万。无论认知多么到位，知识多么丰富，没有彪悍的执行力，就无法收获硕果。历史上所有伟大的人物，都是这八字箴言的忠实实践者。乔老师的成长历程，再次证明了这一点。我相信，只要能够贯彻这八个字，任何人都有可能取得成就。

最后，期望乔老师的新书能够激励更多平凡的人，提供一个值得学习和追随的榜样，让大家有勇气和力量去迎接不确定的未来。

——付云松

乔新亮老师的专栏内容设计精妙，既深入探讨了宏观的战略思维，又细致讲解了微观的操作技巧，全方位覆盖了技术领导力的所有维度。这无疑可以看作一份极具价值的技术领导力指南，对希望提升自身能力的技术人员来说，具有极高的学习和参考意义。

我特别赞同乔老师所强调的管理者的三大核心任务：一是确保组织的适应性调整，二是提高组织的协同效率，三是激发团队的活力。通过学习这个专栏，我不仅明确了自己的职业发展方向，规划出一条清晰的成长路径，还显著增强了个人的技术领导力，打造出一个高效合作的技术团队。此外，我还掌握了前沿的管理理念和方法，进而提升了整个团队的综合效能。

——文若

你好，我是乔新亮。很高兴能通过这本书，与你分享我的一些认知和想法。

▼ 写作背景

请千万别叫我乔老师，虽然这个称呼很常见，但我更愿意以朋友的身份与你平等地交流、探讨。我不认为这世上存在可以将程序员直接变成 CTO 的"银弹"，毕竟每个人的环境不同，难以直接套用方法论。成功也往往带有一定的偶然性，这让成功者的经验多少有些"先知先觉"的局限。

因此，这本书并非一套可以照搬的成功秘籍，而是我个人经验的总结和阐述，源自我个人的工作见闻与实践，是我作为一名 CTO 的自我复盘。我将真诚地与你分享我是如何从一名程序员成长为一名 CTO 的。

我来自内蒙古农村，2002 年从西安电子科技大学毕业后，先后就职于神州数码、Vitria、BEA、IBM，并逐渐从程序员成长为管理者。这段旅程并非一帆风顺，2009 年，我确诊了重度抑郁症，那段日子如同生活在地狱之中。幸运的是，我最终走了出来，这段经历彻底改变了我的认知和生活方式，我宛若新生。

康复之后，我的成长更加迅速。从苏宁、环球易购到如今的彩食鲜，我担任过总监、副总裁、CTO，管理过上万人的技术和业务团队。我的下一阶段目标是：向优秀的 CEO 学习，从 CTO 向 CEO 转变。

如今，我每天都面临着技术和业务的双重挑战，并不断学习企业经营的秘诀。我深知持续学习的重要性，因此利用各种时间学习财务知识，为企业提供咨询服务，参加各类技术和管理会议，不断地分享与交流。

回顾这 20 多年的职业生涯，我努力进取，也获得了许多宝贵的经验和机会。我遇到了优秀的领导，得到了公司的认可和激励，也获得了业界很多朋友的认可。然而，我也看到许多朋友、同事并没有这样的机遇。他们或许没有遇到好的导师，或许在不合适的企业耽误了成长，又或许只是因为一些迷茫和犹豫，浪费了宝贵的时间。

我想，如果我能将自己的经验和教训分享出来，或许能帮助他们少走一些弯路。

▼ 本书内容

这本书将从 3 个方面分享我的经验：个人认知、管理工作和专业成长。我认为，这三者是技术人员成长的核心支柱。

正确的认知无法一蹴而就。例如，在我职业生涯的前 7 年，我工作的动力主要是获取更高的薪水。2009 年之后，我的认知发生了转变，开始为了成长而工作。现在，我已充分验证了这项认知的价值，并希望将它传递给更多人。

本书将详细回顾和总结我的这段心路历程，并呈现一些关键的个人认知。例如，如何进行职业规划，如何确保工作任务的成功交付，如何理解平台选择和个人努力的关系，等等。正如梅花创投的创始合伙人吴世春所说，"人的一生都在为认知买单"，我希望这本书能帮助你提升认知，少走弯路。

在管理工作部分，我将重点关注技术管理者以及有志于从事管理工作的朋友。管理者有 3 项核心职责：优化组织架构、提升协同效率以及激发团队活力。我会分享一些经过实践检验的管理方法和经验，例如，如何将职能型研发组织结构调整为产品型研发组织结构（构建"Pizza 型团队"）。

最后，我会在专业成长部分分享我对技术架构的思考和总结。管理并非空中楼阁，任何技术管理者都应该拥有深厚的技术功底。

在这里，我承诺本书中分享的所有管理实践都具备实用性和可操作性，绝非空洞的理论。例如，我会详细介绍"Pizza 型团队"的组织结构、运作机制以及人员配置等细节，包括研发中心如何成为最大的产品团队，如何根据产品划分二级部门和三级部门，形成多个产品团队，如何确保每个人至少归属于一个产品团队，如何确定每个产品团队的理想人数及人数上限，如何选择和任命产品团队领导者，以及团队领导者应具备哪些能力，等等。

这些内容并非凭空捏造，而是源于我的实际管理经验。例如，"Pizza 型团队"的组织结构和运作机制目前正在彩食鲜实际应用，并取得了良好的效果。我相信，这些来源于实践的经验，能够直接帮助你提升管理能力。

即使你已经成为一名管理者，也请不要忽视技术的重要性。深厚的技术功底是成为优秀技术管理者的基石。它能帮助你更好地理解技术团队的工作，做出更合理的决策，并赢得团队成员的尊重。

希望本书能帮助你保持技术敏感度，并持续提升技术能力。我相信，持续学习和精进技术对任何一位技术人员都至关重要，无论他处于哪个职业阶段。

▼ 对读者的期望与寄语

写这本书的初衷，并非追求个人收益，而是为技术人员的成长贡献一份力量。我相信，技术人才是数字化转型和新基建的关键，每一个技术管理者的成长也都至关重要。

我希望这本书能够帮助你少走弯路，使你的职业发展更加顺利。我希望你能够从我的经验和教训中汲取营养，提升自己的认知、管理能力和技术水平。

更重要的是，我希望你能够享受这个学习和成长的过程。职业生涯漫长，唯有持续学习和不断努力才能保持竞争力，并最终实现自己的职业目标。希望这本书能成为你职业旅程中的一盏明灯，照亮你前进的道路。

资源与支持

▶ 资源获取

本书提供如下资源：

* 本书金句海报；
* 每课的成长笔记；
* 本书的思维导图；
* 异步社区 7 天 VIP 会员。

要获得以上资源，您可以扫描右侧二维码，根据指引领取。

▶ 提交勘误信息

作者和编辑尽最大努力来确保书中内容的准确性，但难免会存在疏漏。欢迎您将发现的问题反馈给我们，帮助我们提升图书的质量。

当您发现错误时，请登录异步社区（https://www.epubit.com/），按书名搜索，进入本书页面，单击"发表勘误"，输入错误信息，单击"提交勘误"按钮即可（见右侧图）。本书的作者和编辑会对您提交的错误信息进行审核，确认并接受后，您将获赠异步社区的 100 积分。积分可用于在异步社区兑换优惠券、样书或奖品。

▼ 与我们联系

我们的联系邮箱是 contact@epubit.com.cn。

如果您对本书有任何疑问或建议，请发邮件给我们，并请在邮件标题中注明本书书名，以便我们更高效地做出反馈。

如果您有兴趣出版图书、录制教学视频，或者参与图书翻译、技术审校等工作，可以发邮件给我们。

如果您所在的学校、培训机构或企业想批量购买本书或异步社区出版的其他图书，也可以发邮件给我们。

如果您在网上发现有针对异步社区出品图书的各种形式的盗版行为，包括对图书全部或部分内容的非授权传播，请您将怀疑有侵权行为的链接通过邮件发送给我们。您的这一举动是对作者权益的保护，也是我们持续为您提供有价值的内容的动力之源。

▼ 关于异步社区和异步图书

"异步社区"是由人民邮电出版社创办的 IT 专业图书社区，于 2015 年 8 月上线运营，致力于优质内容的出版和分享，为读者提供高品质的学习内容，为作译者提供专业的出版服务，实现作译者与读者在线交流互动，以及传统出版与数字出版的融合发展。

"异步图书"是异步社区策划出版的精品 IT 图书的品牌，依托于人民邮电出版社在计算机图书领域 30 余年的发展与积淀。异步图书面向 IT 行业以及各行业使用 IT 技术的用户。

目录

| 第二部分　管理工作：组织、团队、需求 |

01

第一部分

个人认知：
职业、选择、成长

成长，登上新台阶，再成长。

没有登上新台阶，往往意味着你的个人成长已经停滞。

新台阶并非指新岗位，更不是新入职企业的规模或获得的更高的薪酬。

01

职业生涯规划：
技术人的 5 年跃迁之道

欢迎来到第 1 课。在这一课，我想和你探讨个人职业生涯规划这个重要话题。

作为技术人，我们都知道学习 Java、Golang、算法、架构设计等技术的重要性。但在职业生涯初期，还有一件同样关键的事——对职业发展的正确认知。你如果没有这种认知，就很可能会走上不必要的弯路。

你可能会质疑：老乔，你不了解我的情况，怎么能给我讲职业规划？而且这个话题如此宏观，有没有更具体的方法？如果你有这样的疑问，那我要为你的独立思考和理性态度点赞。这种批判性思维在学习新知识时至关重要。

不过，让我们换个角度来思考：许多成功的 CEO、CTO，包括我在内，都没有系统地学习过职业规划。那么，我们是如何实现职业目标的呢？作为一名拥有 20 多年经验的 CTO，我发现有一点至关重要：想要发展快，每 5 年就要登上一个职业生涯的新台阶。

▶ 解读"台阶"：职业发展的 3 个阶段

每 5 年就要登上一个新台阶，这是什么意思？别着急，让我分享一下我的亲身经历。

我 2002 年毕业，2003 年就开始带领团队了，这个角色的转变来得有点意外。当时，我任职于神州数码，团队正在研发一款工作流引擎。某日，领导突然被调到其他岗位。领导对我说："小乔，这件事就由你来负责牵头吧。"

我当时吓坏了——刚毕业没多久，只学了几个月的 Java，而且毫无管理经验，却要承担起如此重大的责任，还要带领一群比我更有经验的老员工。不过，我向来喜欢迎难而上，于是硬着头皮接受了这个任务，最后竟也成功地完成了研发任务。

在职业生涯的前 5 年里，我一方面在工作中磨炼技术能力，另一方面学习团队管理。2008 年，我加入 IBM 时已经成为了一名核心技术管理者。在 IBM 任职期间，我的成长速度非常快。尽管 IBM 规定员工通常需要在同一岗位上工作满两年才能晋升（除非有特殊贡献），但我几乎每次晋升都未满两年。就这样，我在 IBM 的 GBS 部门从咨询经理一路晋升到副合伙人。随后，我加入了苏宁，并晋升为副总裁。回头算算，整个过程大约用了 15 年的时间。

听到这里，你可能会突然领悟："哦，我明白了！所谓的新台阶就是指新职位，从程序员到管理者是一个台阶，从管理者到高级管理者则是另一个台阶，对吧？"

错了，大错特错。新台阶并非指新岗位，更不是新入职企业的规模或获得的更高的薪酬。我认为，大多数技术人员的职业发展可以大致划分为图 1-1 所示的 3 个阶段。

- 做事（Do）：在这个阶段，工作重点在于执行，即解决个人所承担的技术任务。

- 带领团队（Manage）：此阶段的工作重心转向管理，即协调和组织团队，以创造更大的价值。

- 业务决策（Lead）：在这个阶段，你的工作应聚焦于思考公司的业务发展，这需要你能

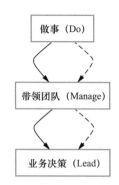

图 1-1 五年一跃迁的 3 个阶段

从公司的角度出发进行战略决策，此时你更像一个创业者。

从一个阶段进入下一个阶段，就是"登台阶"。

为什么不将职位作为划分台阶的标准呢？这是因为每家公司的情况各不相同。有些人虽然挂着技术总监的头衔，但实际上是创始团队的一员，他们的意见对公司战略至关重要；而有些人即使挂着副总裁或 CTO 的头衔，却在企业决策层毫无话语权，本质上只是个"带项目的"。我毕业仅一年就以 Leader（领导）的身份负责项目，但那时我能算是一个真正的管理者吗？答案是不算。本质上，我还是主要负责自己的工作，专注于个人技术能力的提升。

以职位作为划分标准很容易误导自己，对自身的实际情况做出错误的评估。当然，将薪资作为划分标准就更不靠谱了。我个人就有一次晋升是通过降薪实现的，但这次职位的提升带来的收益体现在未来几年快速的职业发展上。

▶ 五年一跃迁：职业成长的黄金周期

那么，为什么我们必须 5 年就登上一个新台阶呢？ 7 年可以

吗？10 年呢？或者干脆不上台阶行不行？听起来真累啊！从个人的角度来看，这似乎没什么问题。你可能正在一家不错的公司工作，薪水可观，工作舒心，你觉得没必要折腾。

然而，从老板的角度来看，这完全是个纯粹的性价比问题。随着时间的推移，如果员工只是资历增长，而个人能力没有显著提升，那么这类员工的性价比就会降低，人力成本和个人价值开始失衡。在大多数商业公司里，如果一名 35 岁的程序员和一名 25 岁的程序员的能力相当，雇用哪个人的性价比更高？答案显而易见。

没有登上新台阶，往往意味着你的个人成长已经停滞。比如，你开始觉得工作变得轻松，写代码变得简单，最多只是在 GitHub 上复制一段代码，稍作修改就完成了任务。除此之外，你没有遇到更多、更大的挑战。如果就这样一直闲下去，不知不觉间，你可能已经成为了公司的"待清理对象"。

许多人没有意识到这种"慢性死亡"的过程，因为这种停滞有时会被掩盖。这一点在当前快速发展的头部企业中表现得尤为明显。

在我看来，即便是在阿里巴巴、腾讯这样的大公司，许多总监实际上也面临着危机。表面上，他们的职业生涯似乎在快速发展，频繁地获得晋升和加薪，但这主要归功于企业本身的高速发展，他们所处的平台正处于上升阶段。

以我在苏宁的经历为例，团队中的很多人都被阿里巴巴"挖走"了。为什么阿里巴巴会"挖走"他们呢？当然，部分原因是他们的工作表现确实出色。但客观来看，苏宁这个平台和品牌的影响力也功不可没。

在思考个人成长时，一定要明确地区分平台价值和个人价值。坦白地说，如果你的成长停滞不前，那么即使是新入职的应届生，也可能给你带来压力。我刚毕业时非常努力，与我共事的老员工很可能会感受到巨大的压力。

当然，到此为止，我们所讨论的"登台阶"主要聚焦于"技术人走管理路线"这个方向。然而，也有许多同事热爱技术，希望能在技术领域深耕。

我的建议是，如果你恰好进入了一家专注于技术的公司，例如数据库公司 PingCap，那么你就拥有了一个成为技术专家的绝佳机会，确实可以尝试坚持走技术路线。但如果你进入的是一家业务驱动型的公司，如苏宁、海尔，那么你就需要谨慎考虑了。成为技术专家比成为管理者更具挑战性，这是因为你通常需要达到一个城市或一个行业中屈指可数的顶尖专家水平，才能获得更广阔的发展前景。更棘手的是，在业务驱动型的公司中，技术本身往往不直接产生价值，学习技术也没有太高的门槛。在同行业、同城市中，有很多人可以取代你的位置，这时你的个人价值就容易被稀释。

相比之下，管理岗位侧重于团队协调和集体价值实现。能管理 1,000 人和能管理 10,000 人是截然不同的能力，这更符合中国大多数公司的发展需求。

因此，我以大多数技术人的职业发展路线为例，以 5 年为一个阶段来探讨今天的主题。为什么是 5 年？这并非绝对。想想看，人生能有几个黄金 10 年？如果成长太慢，年龄就可能成为你成长的最大障碍。

▼ 登上新台阶：把握时机与方法

在明确了 5 年登上一个新台阶的含义和必要性后，掌握时机和方法就相对简单了。登上新台阶的最佳时机就是当你感觉到工作开始变得轻松，成长出现停滞的时候。

至于方法，主要有两条，都与个人成长密切相关，你没有捷径可走。

- 持续学习。尤其是在职业生涯初期，一定要安排时间学习。我相信正在阅读本书的你已经认识到了这一点，为此我要给你点赞！

- 寻找一位优秀的导师。比如，找到公司里的技术大牛，请他吃顿饭。多数情况下，共进晚餐能够拉近关系，这既简单又划算。特别是刚毕业时，千万别在这方面吝啬！

你可能会问："就这么简单？就这些吗？"当然不是。虽然 5 年登上一个新台阶是一个重要且成熟的理念，但在实践中人们常常偏离轨道。

有些人把握不好时机，担心过早担任管理职位会导致技术基础不够扎实，为日后发展留下隐患。在业务驱动型的公司中，这一点很容易验证。这类公司通常采用自顶向下的方式评估员工的技术水平，比如你负责的系统稳定性如何、可扩展性如何、性能如何、故障处理时间控制得怎么样等，这些都是衡量标准。

也有人高估自己的能力，抱怨公司有眼不识泰山。遇到这种情况，我通常建议他们去面试、找工作，通过双向选择来证明自己的实力。

有一次，我半开玩笑地对团队成员说，如果你觉得公司对你不公平，可以出去面试，拿到 Offer 后回来找我，我按照新 Offer 的水平给你涨薪。

当然，如果你真想用这种方法验证自身能力，那么我建议你寻找情况类似、处于同一发展阶段的公司。这是因为资本大量涌入、正在快速扩张、不计较员工性价比的公司所发的薪资通常会有溢价。

我认为最不可取的是，一些同事只是因为工作不顺心就贸然创业。创业意味着登上一个更高的台阶，对个人能力要求极高。如果你在有平台支持的情况下都无法做好本职工作，那么失去了平台的帮助就能成功吗？我对此持怀疑态度。虽然有些创业者确实运气很好，但我相信 99% 的人并没有这样的好运气。

当然，我并不是说只要努力学习、找到好导师、把握正确时机就能迅速成为 CTO，那未免太过理想化了。事实上，业内存在相当一部分能力欠缺的管理者，他们很容易成为下属成长的瓶颈。在这样的管理者手下工作，你很难登上新台阶。因此，**到了该跳槽的时候，就要果断行动**。图 1-2 总结了职业生涯蒸蒸日上的 4 个因素。

我经常对我的团队说："你们只管提升能力，如果能力提升了，我却不给你们加薪，那么你们就跳槽，我甚至可以帮你们介绍工作。"这对我自己也是一种压力，促使我制定更好的团队激励措施。

无论如何，请牢记：成长，登上新台阶，再成长，这个循环应该成为我们做出许多职业决策的出发点。图 1-3 展示了良好的职业发展循环。

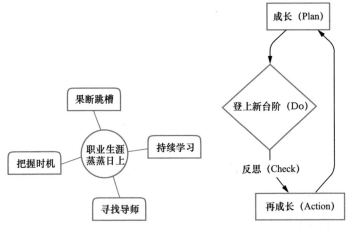

图 1-2　职业生涯蒸蒸日上的 4 个因素　　图 1-3　职业发展循环

▶ 成长寄语

　　最后，我想提醒你，能够每 5 年登上一个新台阶，已经算是成长得相当快了。即使你没有做到，也不要苛责自己。继续努力，相信自己能进步，最终你一定会登上新台阶。

　　回顾我早期的工作状态，我没有意识到成长速度和阶段性规划的重要性。现在回过头看，如果我能提早认识到这一点，在登上第一个台阶前多关注管理方法，在登上第二个台阶前多学习财务知识，我的职业发展可能会更好。

　　在这一课，我将这份认知分享给你，希望能对你有所帮助。如果你读完后有所收获，那我就非常欣慰了。

▶ 本课成长笔记

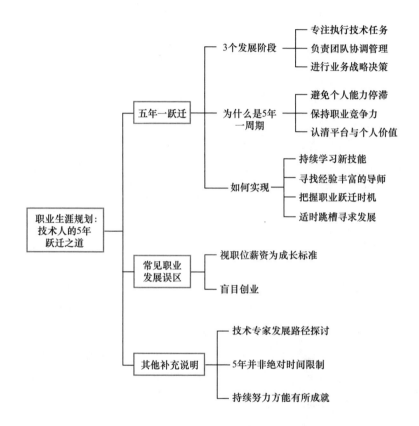

工作的真正报酬是成长。

工作的核心目标只有一个：提升能力。

02

理解工作与薪资：
超越金钱的职业成长

在这一课，我想和你探讨工作状态和薪资的关系。

为什么选择这个话题？在第 1 课中，我们谈到每 5 年应该登上一个新台阶，许多人认为这很困难。确实，这并非易事。事实上，很多人还未具备快速成长的关键前提——良好的工作状态。

你可能会想："这肯定不是我，我每天都在加班。"请注意，这里所说的工作状态并不等同于工作时长。

作为 CTO，我经常观察下属的工作状态。令人遗憾的是，许多人的状态都不尽如人意。有人深陷焦虑，有人整日郁郁寡欢，还有人情绪波动剧烈，易怒烦躁。这些都是典型的不良工作状态。

这些问题通常具有共同的"病因"——要么薪资不足，要么觉得绩效奖励不公。少数情况下，"病因"可能是在团队协作中受到委屈，越工作越感到愤怒。其他原因相对较少，几乎可以忽略不计。

正如马云所言，员工突然提出离职，要么是工作中受到委屈，要么是觉得薪资不足。我认为，后者尤为普遍，即大多数员工对工作不满意，或多或少与钱有关。毕竟，对绝大多数人来说，工作的首要目的就是赚钱。

然而，我必须指出，如果一个人始终把薪资作为工作的唯一动力，那么其工作状态必然会出现问题，而且会严重阻碍薪资的增长。在这种情况下，一个人就会进入如图 2-1 这样的恶性循环。

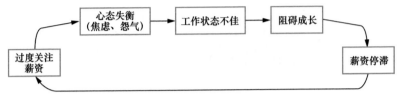

图 2-1　过度关注薪资的恶性循环

这并非我在对你进行"职场 PUA"，而是我个人职业生涯中的真实体会。

▼ 从年薪 20 万元到 200 万元，我的成长历程

2003 年，我刚从研究生院毕业，在神州数码工作。在深圳的一个重要项目中，同期毕业的研究生同事们联合起来要求加薪，他们的目标是每月增加 500 元（涨幅约 12.5%）。这件事闹得沸沸扬扬，大多数人都加入了"求涨薪"的队伍，而我和少数几人选择保持沉默。

北京总部的领导对此高度重视，专程到深圳与大家共进晚餐，详细讨论此事。了解情况后，总部决定应该涨薪的就涨薪。这样，事情得到了妥善解决。

事后，领导好奇地问我："小乔，你怎么不要求涨薪啊？"

我直言不讳："再过一年半载我就打算离职了，还涨什么薪？"

领导笑着说："你说话倒是直率。"

其实，我对领导只说了一半实话。另一半是，我知道程序员月薪可以达到 20,000 元，区区 500 元在我眼里不过是"蝇头小利"。

读到这里，你可能会觉得好笑，心想：月薪 20,000 元也不算多啊，现在名牌大学的应届研究生就能拿到这个数。但要知道，那可是 2003 年，博客网和淘宝刚刚上线，互联网和程序员这些概念对普通人来说还是新鲜事物。

作为来自内蒙古农村的孩子，我曾听家里做生意的亲戚说："老老实实上班，一个月不可能挣到 20,000 元。"但我不信，因为我哥（比我大 9 岁）的月薪就超过了这个数。因此，2003 年在深圳工作时，我很看重薪资，目标就是月薪 20,000 元。

我先后加入了 Vitria（麒麟远创）、BEA 和 IBM，薪资确实翻了数倍。加入 IBM 时，由于恰好没有高级岗位空缺，我选择了降薪入职。当时月薪约 16,500 元，年薪 20 万元左右，与同期毕业生相比还算不错。

然而，对薪资的追求似乎永无止境。在北京贷款买房、结婚、生子，生活压力与日俱增。工作上，我对自己要求严格。表面上我没有整天想着钱，但要做到完全忘记薪资，确实不容易。

2009 年，问题爆发了——我确诊重度抑郁症，康复用了半年多。痊愈后，我查阅大量资料，学习相关知识，自我总结病因：房贷、婚姻……归根结底，是缺钱。尽管薪资与同龄人相比不算低，我仍然深陷焦虑。

我并非断言重视薪资或未实现财务自由就会患上抑郁症，那未免言过其实。但我发现，所有为钱而工作的人，其工作状态多少都会出现问题。严重者如我，轻微者也会出现成长速度放缓，甚至停滞，薪资增长随之停滞的情况。讽刺的是，为钱而工作，反而赚不到多少钱。

你可能会想："老乔，你又在忽悠我了。你怎么知道别人的状态有问题？"我可不是在忽悠你。抑郁症康复后，我特别关注自己的心理、精神和身体状态。久而久之，我也变得善于捕捉他人的状态变化。

发现这些问题后，我开始有意识地淡化对薪资和房贷的关注，转而对自己的状态变化格外敏感。直到今天，我还会对儿子说："如果有一天爸爸没钱了，咱家就吃馒头、咸菜凑合一下。难道还能饿死不成？"

仅靠自我开导还不够，我很幸运地遇到了一位优秀的领导。我清楚地记得，有一段时间我专心工作，什么都没多想。我的领导总是在周末给我打电话："新亮啊，告诉你个好消息！因为 ××× 项目表现出色，你又要加薪了！""新亮啊，又有好消息！因为 ××× 项目非常成功，你要升职了！"……

那时，我几乎每月都能收到好消息。当我不再执着于薪资时，许多压力和担忧都烟消云散了。我开始大胆地挑战自己，不再害怕犯错，因为我的目标是成长，而非薪资。就这样，我的工作状态逐渐达到最佳，表现也越发出众。到了 2015 年，我的年薪竟然增加了 10 倍多。此时，我就进入了良性循环，如图 2-2 所示。当你把成长而不是薪资作为目标时，薪资反而可以快速提升。

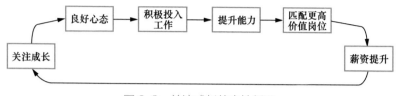

图 2-2 关注成长的良性循环

这听起来像是在吹牛。不惦记薪资，调整好状态，薪资就能增加 10 倍？当然不是这么简单。努力始终是成功的基础，我在工作时确实非常拼命。但我可以肯定，如果没有忘记薪资的良好心态，即使我再努力、再拼命，也不可能有今天的成就。或许在技术总监这个位置上，我的成长就已经停滞不前了。

▼ 心态调整，提升工作效率与职业发展的关键

让我们换个角度思考：钱重要吗？确实重要。对我而言，它能让孩子在大城市有个家，接受良好的教育。但如果你仅仅为了钱而工作，心态可能会出现问题。

最糟糕的情况是：你感觉付出与回报不成正比，带着怨气工作。这会导致你不愿意做事，无法成长，每天上班都不开心。

稍好一些的情况是：你仍然努力工作，但内心充满焦虑。原因可能多种多样，比如房贷、车贷、家庭开支，或者觉得同龄人收入更高，又或者你开始清晰地意识到"中年危机"的存在。

无论是怨气还是焦虑，都会严重阻碍个人成长。这绝非危言耸听，让我们进一步探讨这个问题。

第一，心态不佳会影响休息质量，进而导致关键时刻掉链子。

很多人问我："乔总，你不觉得累吗？经常加班，还给自己安排额外工作。"其实我也累，有时候回到家就瘫在床上，连脸都顾不上洗就睡着了。但醒来后，我就能立刻投入工作。这是因为虽然身体疲惫，但心并不疲惫。因此，如果某天我感觉状态不佳，我就任性一回，不加班、直接回家，然后，第二天我的状态就恢复了。

然而，许多人会连续几天状态不佳，每天都感到疲惫不堪，累到只想辞职、在家休息。你可能认为这是工作强度过高造成的，但实际上，部分原因在于心态欠佳。

第二，心态不佳会导致某些工作变得几乎无法完成。

2012 年，我在 IBM 负责企业客户的架构规划。一天，我接到一项挑战性任务：将苏宁（IBM 的重要客户之一）现有的 IBM WCS 套装软件升级为多 WCS 架构，目标是将系统处理能力横向扩展 10 倍。

IBM 的领导层估计这个项目需要半年才能完成，但客户要求在两个半月内交付，以支撑"双十一"的流量压力。最初接手的部门经过一个月发现风险重重，于是想到了我也许能搞定。然而，此时只剩下一个半月的时间了。

简而言之，大家都认为这个项目不可能按时完成。如果是你，心态不好的情况下会怎么做？

我猜你可能根本不会接这个项目。毕竟，这不就是在"背黑锅"吗？半年的工作量要在一个半月内完成，别人搞不定就甩给你，失败似乎是注定的。

但我却觉得应该接受这个挑战，而且一定要做成。为什么？因为我工作不是为了钱，而是为了自身的成长。完成别人认为不可能的任务，正是巨大的成长机会。

接手项目后的一周内，我迅速组织各部门，完成了项目的拆分、验证和工作分配，惊讶地发现拆分出的工作已多达200余项。在剩下的一个半月里，我全身心投入，没给自己安排任何休息时间。

项目组近200人，任何一个模块的延期都可能导致整个项目失败。这个项目之所以极具挑战性，是因为不确定因素太多。我无法确定能否按时完成，也无法预知会遇到什么样的意外。

心态不佳的管理者往往会陷入极度焦虑，这一点做过乙方业务的朋友应该深有体会。这会导致他们不分青红皂白地加班，甚至会使有些人变得暴躁、易怒。旁观者可能会说："焦虑解决不了问题。"但这种劝告往往无济于事。

而我当时的情况却截然不同。深夜下班后，我还会组织团队成员打扑克、玩双升（也就是常说的升级），大家玩得不亦乐乎。我清楚地记得，打完牌后我们还一起吃西瓜，完全不像在推进一个似乎不可能完成的任务。

这种轻松的心态正是我成功完成项目的关键因素。图 2-3 展示了心态调整为何是一个人打破恶性循环进入良性循环的关键。

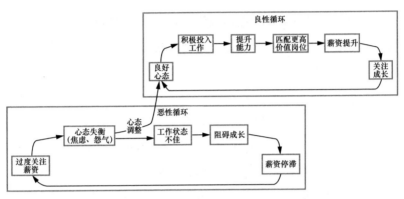

图 2-3　从恶性循环进入良性循环的心态调整

因此，直到今天，我对中层管理者始终有一个硬性要求：在规定时间内，必须调整好工作状态，否则就要接受降职或调岗。

你可能会觉得这有些过于严厉。你可能会想，即使不打扑克、不吃西瓜，每天处于焦虑状态，也能坚持一个半月并完成项目吧。但心态对一个人的影响远比你想象的深远，你可能都没有意识到心态会影响决定成败的细节。

▼ 微妙的细节，平衡团队需求与项目目标

在推进这个多 WCS 拆分项目时，我团队中的一名核心骨干工程师张洋（化名）突然找到我，他坚持要请假去首尔度蜜月，时间是一周，机票、酒店都订好了。

你会怎么回复他？恐怕许多管理者会因此心跳加速、大脑充

血：项目只有一个半月的时间，你作为核心成员，竟然在这个节骨眼上要出去旅游？

其实，这样的回复正是心态不佳的表现。本质上，这是领导者将个人焦虑传递给下属，进而激化矛盾。那么，一个心态良好的人会如何应对这种情况呢？我的思路大致可以分为 3 点。

- 向团队传递信号：这个项目必定成功，作为管理者，我一定能搞定。
- 分派任务后，无法完成的人要承担项目失败的全部责任。
- 告诉自己：我必须处理好所有意外情况，与下属一起寻找个人和公司之间共赢的方案。

于是我对张洋说："度蜜月很重要，首尔也很漂亮，我支持你去！但项目也很紧张，工作必须完成。我们一起想办法，看怎么解决这个矛盾。"

最后张洋承诺，只要保证他顺利度完蜜月，一周之后，不管考勤系统显示几点上下班，他有信心通过自主安排工作时间追回所有进度。我欣然同意，而他也确实兑现了承诺，保证了项目的顺利交付。我们因此成为了很好的朋友。

几年后，张洋在离职时还与我提到了这次蜜月事件，称非常佩服我的处理方式。我也有些感慨，以我对张洋的了解，如果我当初滥用领导权威，逼他为了团队牺牲小我，十有八九会导致他辞职，进而搞砸整个项目。

相对于整个项目，这件事只能算作一个小插曲。但我们常说，细节决定成败。如果一名管理者心态不佳，太多微妙的细节都可能导致项目走向失败。

▼ 工作的真正报酬是成长，薪资只是附属品

前面我们讨论了良好心态的重要性，以及薪资对心态的影响。如今，我认为这些思考可以归结为一句话：薪资只是工作的附属品，工作的真正报酬是成长。涨薪并不意味着你的工作岗位变得更值钱，而是表明你的个人能力已经可以匹配更高价值的岗位。图 2-4 就展示了个人能力和薪资的关系。

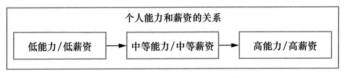

图 2-4　个人能力和薪资的关系

很多人喜欢违反公司规定，私下打听同事薪资，结果往往是心态失衡："凭什么他的工资是我的两倍？这太不公平了！"没错，很多事情确实不公平，但这并不重要，因为工作的目的不应该仅仅是挣钱。如果你的能力足够强，薪资自然会增长；即使没有涨薪，你还可以选择跳槽。总的来说，前景是光明的。

因此，我不断提醒自己：没有老板在欺骗我，这就是现实。工作的核心目标只有一个——提升能力，以匹配更高层次的岗位需求。金钱和公平，都是次要的。

你可能会说："老乔，你说的这些大道理我都懂，可我就是做

不到啊！你有什么秘诀吗？"

其实，我也不是什么天才。刚毕业时，我没有为了 500 元争取涨薪，仅仅是因为觉得这个数额太小，本质上我当时还是以薪资为目标工作。不过，我很幸运：

- 我有一位年长的哥哥，他与我分享了宝贵的成长经验；
- 2008 年前后，我有幸加入 IBM，遇到了一位出色的领导，他频繁的正向激励和反馈成为了我转变的关键；
- 我曾患上重度抑郁症，但幸运地走出了阴霾，这段经历反而促进了我的认知成长。

听起来我运气不错，对吧？但别灰心，如果你认真思考了这一课的内容，我相信你也能形成正确的认知。成功固然需要运气，但学习成功的经验却不需要运气。

关于如何践行这种认知，每个人的路径都不尽相同，我无法给出标准答案。你肯定不希望像我一样经历抑郁吧？这样的学习代价未免太高了。

我常说，工作的秘诀是认知到位、彪悍执行，这里也适用。如果你认同我的观点，希望你能带着这份认知彪悍执行，不惜一切代价去践行它。你可以像阿 Q 一样进行积极的自我暗示，有意忽略薪资、避免参加容易引发攀比心理的同学聚会等。只要能形成正确的认知，就算是取得了最终的胜利。图 2-5 展示了彪悍执行的策略全貌，包括积极的自我暗示、有意忽略薪资、避免攀比以及其他策略。

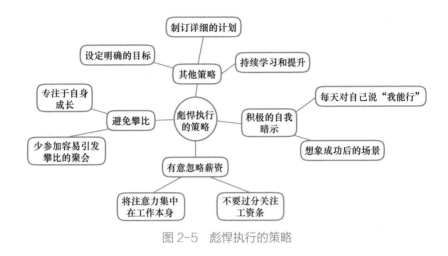

图 2-5　彪悍执行的策略

▼ 成长寄语

我一再强调认知的重要性，是因为它确实至关重要。此时，你应该能理解当马云说自己对钱没兴趣时，并非在装腔作势，而是在如实描述自己当时的心态。你可能会忍不住反驳："没兴趣还赚那么多钱？谁不爱钱呢？"

也许你说得对，但这并不重要。重要的是一个人是否真心相信工作的目的不仅仅是赚钱。这是形成正确认知的途径之一。

当然，不过分计较薪资并不等同于对公司盲目忠诚。如果你的收入连基本生活都无法保障，那么优先考虑薪资是必要的。我们追求的是成长，而不是自我牺牲。

最后，希望你能从这种认知中获得成长的喜悦。我们下一课再见。

▶ 本课成长笔记

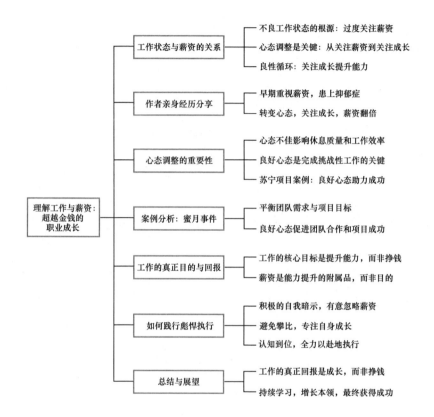

思辨能力的缺乏，是一种新的无知。

03

看透问题的本质：
管理者如何应对研发事故

很多公众号的文章动不动就谈本质、底层原理，这从侧面反映了我们每个人面对复杂问题时的心态：我们渴望直击问题的关键点，找到问题背后的本质。

然而，你我都心知肚明，看透本质终归是一件难事。以前，我还遇到一件让自己头疼的事情。即使思考良久，我仍未找到合适的解决方法。当时，我不禁扪心自问：我是否真的看清了这件事的本质？我不得不承认自己还没有看清本质。不过，面对同样的问题，与数年前相比，我是否有所进步？我自认为进步颇大，做决策的成功率也在不断提高。

正因如此，这一课我想和你探讨一下我们应该如何看透问题的本质。

▶ 研发出了生产事故，要不要罚钱？

对我来说，能够看透本质更像是一项需要通过长期训练才能习得的能力。我很早就开始尝试理解各种问题背后的本质和根源，其中最深刻的一次实践始于 2014 年。

那年，我接手了苏宁集团的"双十一"保障任务。到 2019 年，苏宁已拥有 4000 多套系统、1 万多名研发人员，高峰时期日发布量接近 4000 次。面对如此庞大的系统，任何细微的变动都可能引发研发事故。我面临的挑战是，如何确保在"双十一"期间系统稳定运行？

这并非易事。回顾往年的复盘文档，我发现无论前期准备多么周密，"双十一"活动开始的当天总会出现意外。

确保大型电商企业"双十一"服务的高可用性是个复杂的系统性问题。虽然已有诸多专家给出解决方案，但这不是我们这一课的重点。我们要讨论的是其中一个看似微小却至关重要的问题——即使技术部门做足了准备，产品仍然会出现事故，我们是否应该对主要负责人进行罚款？

保守估计，业内至少 90% 的企业会选择罚款。领导认为线上出现事故的根本原因是负责人不够尽责、投入不足，因此负责人应该承担责任。乍看之下，这个逻辑似乎很清晰：事故是现象，负责人不够认真是本质。但这种看法真的合理吗？

起初，我也采取了这种做法，并未察觉有何不妥。直到有一天，一位技术负责人与我谈心。他说："老乔，你这制度设计不合理啊。多做多错，少做少错，不做不错，这不就变相鼓励团队成员少做事了吗？"

我愣住了，意识到这位负责人说得很有道理。在大促这种高并发场景中，最容易出问题的往往是最核心的模块。相比之下，一个边缘的简单系统就不太容易暴露问题。

设想一下，一个能力出众的人承担了团队最重要、最繁重的工作，结果由于出现问题反而要被罚 3000 元；而一些平庸之辈付出较少，整月安然无恙，反而一分钱都没扣。这种逻辑显然是有问题的。

于是，关于这件事的本质，我的认知开始动摇。出现事故就罚钱，似乎不太妥当；但如果不罚钱，团队会不会因此松懈？我喜欢研究兵法，如果打了败仗，那么是要问责的。罚钱无疑是最直接的问责方式。

这时，我意识到有必要重新思考研发事故处罚措施背后的本质问题。如果管理者只会罚钱，很可能只是在将压力转嫁给一线人员。

▼ 问题本质的追寻之旅

我认为多做多错、少做少错并不能全面概括问题。为了更全面地理解问题，我决定广泛听取意见，进行交叉验证。

于是，我迅速找到公司人力部门的同事交流。同事惊讶地指出："这个观点不太准确。虽然核心部门容易出现事故，压力较大，但他们的奖金额度高，薪资水平普遍高于其他部门，升职机会也更多。"

这个观点听起来也有道理，似乎被处罚的员工并非单纯的"受害者"。继续思考这个问题，我很快意识到：事故发生就罚钱的做法与我倡导的部分企业文化相违背。

例如，我鼓励勇于试错，但如果动辄罚钱，谁还敢尝试新事物？我提倡团结紧张、严肃活泼的团队氛围，但在这种制度下似乎难以实现。一旦开始罚钱，涉事部门就可能开始互相推诿，进而影响团队协作和氛围。这显然不是管理者希望看到的局面。

此时，我重新思考设立惩罚制度的初衷。这并非为了为难员工或克扣工资，而是为了尽量保证同一问题不再出现，或是降低错误出现的频率。

在大型企业中，CTO 级的管理者在执行决策时由于职位较高容易脱离实际的生产情况。如果不深入观察，CTO 可能会恼火地发现 IT 部门似乎总在犯错！只有深入追查问题根源时，他们才可能意识到核心业务上的生产事故通常涉及多个部门或团队。现实中，下面这种情况会经常出现：A 部门刚因错误被罚款，B 部门又出现问题；B 部门被罚款不久，C 部门又犯错……

出现这种情况的本质在于 A 被罚款并不能防止 C 犯错，甚至也不能确保 A 不会再犯。相反，这种做法只会让所有人惶恐不安。

我问自己："老乔，如果是你，你能保证 100% 不出事故吗？"答案显然是不能，尽管我对自己的能力和责任心都很有信心。

综合所有情况，我们不难得出结论：罚款虽然让员工更加重视问题，但并不能从根本上解决问题。

图 3-1 展示了我对研发事故处罚措施的反思过程。至此，我终于明白了生产环境中的事故与员工的责任心和能力并无绝对的因果关系。因此，单靠惩罚条例是不够的。问题的本质在于管理者是否

能够系统地解决问题。

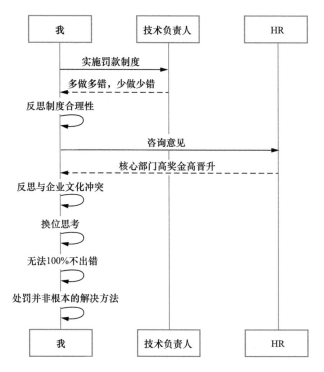

图 3-1 研发事故处罚措施的反思过程

　　从罚款到不罚款，体现的是我对问题本质理解的转变。基于这种新的认知，我制定了一系列系统化的措施。这些措施可以用图 3-2 这样的思维导图来表示：

- 每次事故需提出 7 个改进点，每点都要确保 100% 不再重犯；
- 犯错者负责主导复盘，分享失败经验；
- 将解决方法产品化，因为人可能犯错，但产品不会；
- 允许每个人犯错和尝试；

- 根据事故统计，定期颁发"烂草莓奖"和"金苹果奖"；
- 推行管理的产品化、系统化和数据化。

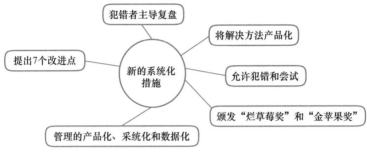

图 3-2　新的系统化措施

一旦对问题本质有了新的认识，解决方案就会自然而然地出现。在新制度下，事故当事人不会再受到金钱惩罚，但可能会获得"烂草莓奖"，这能激发团队成员的荣誉感和责任心。

尽管如此，我仍不敢断言自己真正认清了问题的本质，因为所有结论都需要谨慎验证。

因此，从苏宁到环球易购，再到彩食鲜，这几年来，我围绕新的认知，开始逐步实施不罚款的制度体系。其间，我不断复盘实施效果，思考哪里还能改进，哪里还能提升。如今，我可以自信地说，这种新的认知结合新的制度确实产生了显著效果，大幅降低了事故发生率，同时提升了团队士气。

▶ 培养看透本质的能力

以上就是我在面对"生产环节出现事故，是否应该罚款"这一问题时探寻本质的过程。在这个过程中，我发现有 3 个关键点对最终结果影响重大，并尝试用图 3-3 来表示这 3 个关键点。

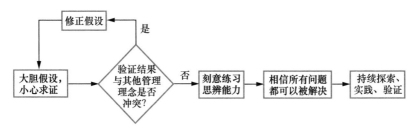

图 3-3　看透问题本质的 3 个关键点

第一，大胆假设，小心求证。

探寻问题本质的目的是指导决策以更好地解决问题。在牢记这一观点的基础上，大胆假设并提出自己的观点，这就是推演的起点。

有了假设后，下一步是结合具体情况进行验证。如果基于假设的处理方式与其他管理理念产生冲突，说明假设需要完善。例如，直接在金钱层面对下属进行处罚与许多正确的企业价值观和理想的团队氛围相悖。这正是我重新思考的重要依据。图 3-4 基本描述了假设和验证的全过程。

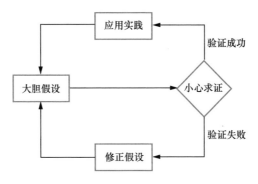

图 3-4　假设和验证的全过程

第二，刻意练习自己的思辨能力。

日常的学习与积累至关重要。即使是百米冠军，也需从走路开始。你可以通过学习来培养自己的逻辑分析和数据分析能力。这里我推荐两本书：《数据化决策》（道格拉斯·W.哈伯德著）和《深度思维》（叶修著）。前者对我产生的影响尤其深远。

此外，要刻意练习思辨思维。我曾看到一句话："思辨能力的缺乏是一种新的无知。"我深以为然，前文提到的研发事故就是典型案例。例如，当有人提出干得多错得多时，你是否能独立思考这个问题，而不是需要等待他人的提醒？

在与同事讨论问题时也要保持警惕。

上周分析某个业务问题时，有同事认为销售的某项行动促使营收大幅增长。我立即质疑："为什么上上周相同的行动没有产生类似效果？"经过讨论，我指出这两件事可能只是时间上的先后关系，而非因果关系。

这就是一次思维练习。在工作中，我时刻提醒自己要保持思辨能力。

第三，相信所有的问题都可以被解决。

如果无法解决问题，那一定是我们的认知还不够深入。这句话需要辩证地看待，你可能会说："老乔，别吹牛了，你给我上个天试试？"

诚然，从客观的角度来看，人的能力是有限的，而问题却可能无穷无尽。这正是我们常说的要保持敬畏之心的原因。然而，从成事的角度来看，我更倾向于将所有的问题归结于自身。正如古语所言——行有不得，反求诸己。

在面对问题时，信心至关重要。探寻本质的过程中难免会感到迷茫，但这很正常，你无需着急。要相信问题的本质就在那里，正在等待我们挖掘。不断地感受、思考、总结和验证，循环往复，只要我们坚持不懈地探索，问题的本质终将浮出水面。

那么，看透本质这件事究竟难在哪里？

我认为，**最大的挑战是坚持**，这才是真正的门槛。从质疑研发团队的处罚措施，到得出新的结论、建立新的认知，这个过程并没有花费我太长时间。然而，在接下来的几年里，我在不同的公司中不断地实践、验证和复盘这些想法。这种持续的时间投入是很多人难以做到的。大多数人往往习惯于草率地下结论、草率地验证，对需要调整的部分置之不理，因此一错再错。

▌ 成长寄语

看透本质的能力需要我们通过长期锻炼来培养。研发事故的思考只是众多案例之一。无论是个人还是企业，都需要洞察本质。每个问题都需要我们深入探究其内涵，反复运用看透问题本质的 3 个关键点。这个过程往往充满苦恼、疑惑和疲惫，远非表面看起来那么光鲜。在认知层面，我们可能需要多次推翻、重建。从时间跨度来看，这可能是一个持续 10 年、20 年，甚至终生的旅程。

对我而言，尽管过程艰辛，但也乐在其中。如果你也想学习如何看透问题的本质，并愿意长期付出时间和精力去验证它，不妨就

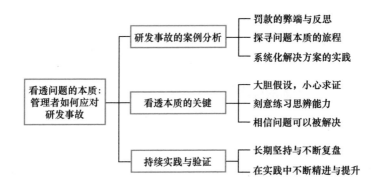

从现在开始实践。

▶ 本课成长笔记

思考你究竟想要什么样的生活。

在动态和压力中寻找的稳定才是真正可靠的。

04

职业选择与个人成长：
大城市还是小城市？

在前 3 课，我们讨论了许多有关职业发展的基础认知。在这一课，我想把这些认知串起来，回答你在成长过程中可能会实际遇到的问题。

▼ 大城市的机遇与挑战

最近，我与团队内外的许多年轻同事交流时，发现大家都在讨论那位 28 岁就退休的字节跳动程序员，还提到了网上流行的一个词——"逃离北上广"。一些刚毕业的同学经过几番思考后问我："老乔，我到底要不要在北京或上海这种大城市工作？我要不要进国企？感觉在互联网公司工作太累、太辛苦了，而且 35 岁以后还可能被淘汰。"

有这种顾虑其实很正常。坦白地说，我觉得选择二线城市或回老家工作也不错。每个人的人生理想都不太相同，获得幸福的方式也千差万别。不过，"996"的工作模式确实很辛苦，这一点倒是没什么争议。

关键在于你是否想清楚了。如果逃离北上广，你会得到什么，又会失去什么？留在北上广，你又会得到什么，失去什么？几年后，这些得失会有什么变化？你真正想要的是什么？无论在哪里，能过得开心才是最重要的。

从毕业开始，我就选择留在一线城市打拼，这一点我从未犹豫过。刚毕业时留在北京工作是很自然的选择。后来，即使面临压力，我也没想过退缩。主要是因为在这里我能认识很多优秀的人，能从他们身上学到很多东西，让自己不断进步。

▼ 小城市的舒适与局限

我也有朋友毕业后选择回到老家。客观来讲，他们的生活确实很舒适——早早买了房和车，结婚生子；每天很早就下班，接孩子回家，还能打打羽毛球。听起来很惬意，对吧？

但深入交谈时，我发现他们未必真的开心，至少不像我们这些局外人想象的那样。这种生活方式外人看起来是一回事，亲身经历又是另一回事。当一个人在二十几岁就开始日复一日地重复接下来很多年的生活时，可能很难真正感到快乐。至少对我来说，这样会无聊透顶。

有人可能会想，毕业后先回老家，以后想去一线城市工作时再做打算。但根据我个人成长、团队建设和人才培养的经验，从老家重返北上广的难度相当大。一线城市更像一个平台，你会随着城市的发展与其共同成长，这是大环境的惯性。在这里，你能遇见更多值得学习的人，抓住更好的成长机会。这种力量是强大的，正如那句话所说："与智者同行，你会不同凡响"。

试想一下，在北京工作两年与在一个小县城工作两年相比，成长速度能一样吗？当你的成长速度日复一日地慢于他人时，你其实已经在同台竞争中处于天然的劣势了。

我也曾设想过未来退休后的生活：在保证父母、子女生活无忧的情况下，买一辆房车，一边周游世界，一边写写书。但如果让我现在就过这种日子，我还是不想。我更希望在年轻时做些富有挑战性、更有价值的事情。毕竟人就应该在不同阶段做不同的事，该快时就快，该慢下来时再慢下来。

这就是选择的权利。

反过来，我们也要问问自己，选择留在一线城市意味着什么？任何事情都有利有弊，我们不能只要好处，而忽视坏处。我用图 4-1 来对比选择大城市和小城市分别意味着什么。

不得不承认的是，在大城市工作确实辛苦，压力也大，但这很正常。一旦你下定决心，就要时刻提醒自己：这是我自己选择的道路，无论多么艰难，都是我的选择。

细心的读者会注意到，我一直在暗示一个重要的建议：人一定要在认知层面上解放自己——辛苦是相对的，身体的疲劳并不可怕，心理的疲惫才真正可怕。其实我现在每天也很忙碌，早上 6 点起床，7 点出门上班，晚上 10 点我还在工作。

但我内心并不觉得累，因为我清楚自己选择的路本就不易，这一切都是为了更快地成长。

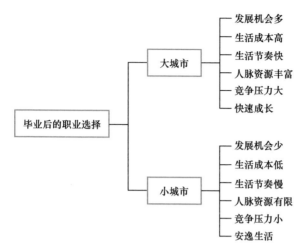

图 4-1　毕业后的职业选择

▶ 成长的本质：挑战与机会

如今我们经常听到"996""007""大小周"这些词，它们让人感到愤怒、委屈、沮丧。如果你无法改变公司的制度，也无法离开这家公司，那就只能调整自己的心态。这些负面情绪的根源在于你认为自己是被逼迫的——被迫接受加班制度、被迫遵守大小周规定；被迫承担高难度任务，以至于夜不能寐。

实际上，你完全可以选择小城市，选择更轻松的工作，甚至有些人可以选择依靠父母生活，但你没有这么做。既然你选择留在一线城市，就意味着你的生活必然充满挑战，这是你自己的决定，没有人强迫你。作为成年人，所有的选择都是自己作出的。如果你感到焦虑或压力大，不妨像上面这样提醒自己。

那么，回到问题的本质：**选择留在一线城市，承受这么多压力，究竟是为了什么？** 有人说是为了钱，但我认为更重要的是为了成长。我用图 4-2 来表示压力和成长动力之间的转换。

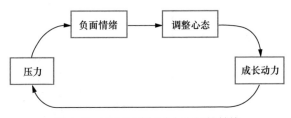

图 4-2　压力和成长动力之间的转换

如果你认为工作仅仅是为了钱，那就等于给自己埋下了隐患。我曾在 2009 年患上抑郁症，那段经历非常痛苦。现在回想起来，部分原因就与房贷压力直接相关。你可能会想，工作不就是为了赚钱吗？让别人不为钱而工作，岂不是在误导别人？

让我们从人才梯队建设的角度来思考。应届生和工作 3 年左右的程序员都属于人才资源池里的"鱼苗"。在这个阶段，薪资相差几千元对你未来几年的影响并不大。真正影响你未来收入的是你多快能跳出这个资源池，多快能登上职业生涯的下一个台阶。图 4-3 大致描述了一个人在职业生涯中的成长路径。

从基本的生存需求来考虑，谁又真的会饿死呢？也许你现在做不到每天吃一次鲍鱼，但一个月吃一次呢？一年吃一次呢？（说实话，我觉得鲍鱼根本不如面条好吃。）

如果时光倒流到 2002 年，我依然会选择继续拼搏。但这次我会调整心态，更多地关注自身能力的成长和把握做事的机会。这样可以让自己少走许多弯路，少受许多苦。希望你能早早提升认知高度，避免重蹈我的覆辙。

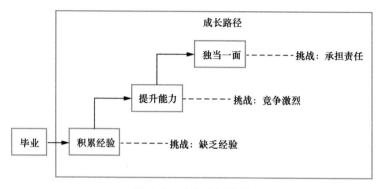

图 4-3 个人成长路径

我们说留在大城市的关键目的是成长，那成长的关键又是什么？我认为是实干。只担心而不着手去做解决不了任何问题，正所谓躬身入局。

道理很简单，不在完成工作任务时锻炼，你怎么能获得成长？猛将发于卒伍。

老一辈人喜欢称稳定、轻松的工作为"铁饭碗"。但仔细想想，从长远来看，短期的稳定和轻松反而可能是最大的变数。这种变数一旦发生，就会造成翻天覆地的变化。一味追求稳定的工作，最终可能导致不稳定；相反，不断追求挑战，在动态和压力中寻找的稳定才是真正可靠的。这与架构设计中追求高可用、高可靠性需要基于"为失败设计"的理念有异曲同工之妙。

由于环境过于轻松，没有人迫使你做事，迫使你成长，因此当发生变故时，你就会缺乏应变能力和在变局中生存的实力。

我认识一些传统行业的 CTO、CIO。在行业度过黄金时期后，他们的企业已经无法仅靠过去的资源优势获得足够的收益，这导致许多 CTO、CIO 面临职业生涯的危机。

这类案例并不罕见，这只是在重复一个简单的道理：在竞争激烈的环境中，如果没有成长，就只能被淘汰。

▼ 成长寄语

让我们总结一下，毕业后是留在大城市，还是回归小城市？

这需要你深入思考，从人生的宏观视角出发，以数十年为尺度，你究竟想要什么样的生活。

若选择留在大城市，不要仅仅为了金钱，而且还要为了成长。在职业生涯初期，薪资差距并不显著，且薪资往往是能力的附属物。只有跳出人才资源池，薪资才会真正得到提升。

成长的关键在于行动，而行动必然伴随挑战。要时刻提醒自己，没有所谓的不公平，没有克服不了的压力，这些都是为了自己的成长。

听完这些，有些读者可能会问："老乔，我还是不知道自己真正想要什么，我该怎么办？"

我的建议是，如果感到迷茫，不要独自苦恼。多与他人交流，无论是同学、朋友、老师还是亲人，都可以倾诉。但最终的决定权在你手中，只有你才能决定自己的人生方向。

希望你能做出符合内心的选择，坚定地走在人生之路上。

▶ 本课成长笔记

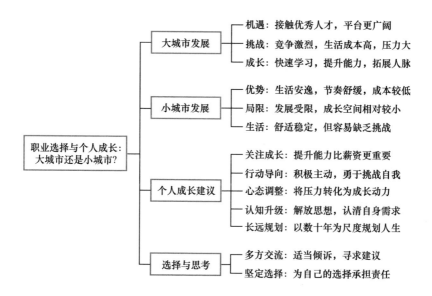

提问时，清晰地阐述你的思考过程和结果，这才是正确的提问方式。

05

正确提问：
提升工作效率与职业发展的关键技能

　　一位刚入职两个月的年轻朋友正被一些问题所困扰，希望征求我的意见。他的困扰大致如下：工作中经常遇到一些与技术相关的问题，想要向别人请教，却不知道该问什么，也不清楚如何恰当地提问。他担心别人会因此质疑自己的工作能力。但是，问题一直得不到解决就会造成工作效率低下，有时手头的项目整整一周都毫无进展，面对领导的询问也不知如何作答。

　　看到这位职场新人的困扰，我颇有感触。技术新人刚离开校园迈入职场，遇到这类困难很正常，因为提问确实是件棘手的事：你肯定不想问些过于简单的问题，那样容易被人轻视甚至厌烦，显得自己能力不足；但又不能不问，长期解决不了的问题会让你的工作举步维艰，对个人成长也极为不利。

　　值得注意的是，这类问题并非"初学者"独有——我遇到过许多"不会提问"的人，他们中有程序员、架构师，也有技术经理、技术总监，几乎遍布各个职级。虽然困扰他们的问题不尽相同，但"不会提问"的本质却是一致的。

因此，在征得当事人同意并确保不泄露他人隐私的前提下，我想基于这些年的所见所闻，分享一下自己的看法和心得。

▚ 有效提问的标准模板与思维框架

遇到问题时如何恰当地求助？我认为，原则上任何问题都可以以任何方式提问。这里既无法律规定，也无道德限制，每个人的行事风格不同，无所谓对错。不管黑猫白猫，捉到老鼠就是好猫。

然而，无论是我自己，还是我认识的技术大牛和管理者，都不喜欢那些不加思考就开口提问的人。换位思考一下，如果你经常遇到这种情况，一定会感到自己的时间和精力没有得到尊重。

关于那位年轻朋友所说的"整整一周都没有进展"，这未免有些夸张。根据我的观察，如果技术新人花了一整天都没解决一个问题，那么这个问题大概率就是凭借其个人能力解决不了的，这种情况就应及时提问，以免项目延误。

由此可见，工作中遇到不懂、不会或不明白的问题，一定要提问，但要在思考之后再问。

这涉及两个关键点：提问前如何思考，以及思考后如何提问。

2015 年至 2019 年，我在苏宁担任技术副总裁期间，曾带过一名管培生［即管理培训生（Management Trainee），是一些大企业自主培养中高层管理人才的计划。通常领导安排他们在各部门实习，以了解整个公司运作流程，再根据个人专长安排工作。］做架构设计，他的提问给我留下了深刻印象。

刚入职时，他的提问技巧也比较初级。我经常会反问他："关于这个问题，你是怎么想的？为什么要这样思考？"如果他回答得不好，我就会指出问题。

经过多次练习，他逐渐养成了优秀的提问习惯。

1. 随身携带白板和白板笔，随时准备将他人的答案融入自己的思维体系；

2. 提问时既汇报自己的想法，又提出疑问，确保每个问题都包含个人观点。

最重要的是，他学会了围绕架构类工作内容，按照固定模式提问。

- 目前有哪些待决策的问题？它们影响了哪些业务？
- 这些问题是由谁或哪个部门提出的？
- 其他人对解决方案有什么建议？
- 我们认为存在哪几种可行方案？
- 各个方案的优势和劣势分别是什么？
- 我们建议选择哪种方案？它会带来什么影响？

我们可以用图 5-1 来表示这样的提问标准模板。

对架构师而言，这是一个常用的标准模板。如果在思考过程中遇到模糊、不确定或不理解的情况，那才是提问的恰当时机。

没接触过架构设计的读者可以仔细思考这个模板：它实际上是将技术决策的思维步骤细化并明确列出。这就是系统思考的体现。如果能进一步将这种思维方式应用到更广泛的领域，你就能掌握正确提问的艺术。

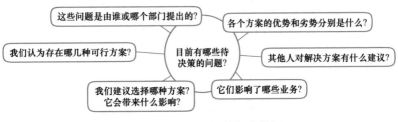

图 5-1 架构师提问的标准模板

▼ 从初级到高级：不同层次问题的思考与解决方法

对于绝大部分技术问题，我通常从横向和纵向两个维度进行思考和决策。图 5-2 展示了横向维度的提问思维，具体说明如下：

（1）将复杂问题拆解为足够细化的模块；

（2）评估自身对每个模块的实现能力；

（3）基于拆解情况和实现方式，制定一种或多种技术方案；

（4）对技术方案进行快速而谨慎的验证；

（5）运用财务思维，权衡技术方案的成本和效益；

（6）最终决策技术方案的选择和实施。

图 5-2 横向维度的有效提问思维框架

图 5-3 展示了纵向维度的提问思维。在纵向维度上，我将问题难度分为 3 个层次。

- 初级问题：主要涉及纯粹的技术实现，难度取决于技术的复杂程度。
- 中级问题：复杂度提升，涉及多模块、多业务部门，甚至跨公司协调，通常需要召开立项会。
- 高级问题：需要协调多方资源，从公司整体利益出发解决问题。

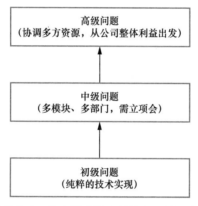

图 5-3　纵向维度的有效提问思维框架

随着难度和复杂度从初级到高级的提升，思考的步骤和难度也相应变化。对于初级问题，拆解过程相对简单，技术方案较为单一，财务考量也较少。从中级到高级，各个步骤的难度都显著增加。我之前提到的管培生的提问，就属于中级问题。

值得注意的是，许多技术人晋升管理岗后，常感觉部门间充满了推诿和扯皮，令人烦恼。然而，这种现象的本质是问题复杂度的上升，而非协作环境的突然恶化。你只是缺乏解决这类复杂问题的方法而已。

当思维按上述步骤推进时，就是在思考。如果在任何一步停滞时间过长，就是提问的适当时机。换言之，思考是提问的必要前提。我绝不会在未经思考的情况下提问。

提问时，清晰地阐述你的思考过程和结果，这才是正确的提问方式。例如，你如何理解和拆分需求？如何评估拆分后各部分的可实现性？具体遇到了什么问题？这样，对方会认为你是经过充分准备的，是尊重他人劳动而非随意索取答案的人，因而更愿意解答你的问题。

此外，我很少在工作中询问基础技术问题，如编程语言、特定库或类的使用方法等。我建议大家充分利用搜索引擎和各种知识资源自己解决这类问题。勤奋和自学能解决很多看似困难的问题。

▶ 建立良好的职场关系：提问之外的软实力

掌握了上述提问方法，就一定能得到他人的诚心指导吗？根据我的亲身经历和观察，意外情况仍时有发生。这些意外通常可以概括为"三言两语就被打发了"。

如果你刚开始思考就在问题拆分阶段遇到困难，愿意帮助你的人可能更少。原因很简单：通俗地说，这表明你对工作任务完全没有头绪，教起来必然更加麻烦。

当然，我们并非完全无计可施。有一个见效缓慢但成本较低的方法：成为"善于赞美的人"，长期维护同事关系。例如，当你阐述完自己的思考并得到解答时，适当地赞美对方："哇，我思考了这么久，你这么快就解决了，真是太厉害了！"

更有效的方法是请同事吃饭，维护良好的工作关系，适度参与社交活动。技术人员往往不擅长也不喜欢社交，其实这样很吃亏。我年轻时也从不主动邀请他人用餐，直到最近几年才意识到社交的重要性。

当然，我从不认为这些赞美和请客是虚情假意或别有用心。他人为了帮助你确实付出了时间，能解答你问题的人确实更有能力，那么为什么不去赞美、感谢他们呢？

另外，我认为为了获取知识而请人吃饭更像是一种知识付费。许多年轻朋友缺乏社会资源，无法提供更高层次、更有价值的利益交换，你能做的可能就只是请对方吃顿饭。

如果有人指责你在拉帮结派、巴结领导，也不必太在意。任何行为都可能被赋予不同的意义，但我相信，只要你内心确实以学习为目的，随着时间流逝，事情终会回归本质。

随着能力的提升，当你开始面对中级乃至高级问题时，还可以通过召开会议来提出问题。在会议上阐述自己的看法，组织大家发表意见，就技术方案进行讨论，这是一种更有价值的学习和提问方式。

总之，不要成为一个"伸手党"，至少这对个人成长极其不利。

▼ 成长寄语

经过这番讨论，我认为有必要再次强调：世界上并不存在适用于所有场景的标准答案。从客观角度来看，任何问题都可以在任何时候提出，甚至不存在所谓"不合理"的问题。

　　然而，我更倾向于遵循前文所述的提问方式：自行解决基础问题，深思熟虑后再询问难题，并以知识付费的心态请教他人。

　　这种方法的核心前提是：拉长时间线，从人生的整体高度出发，以宏观视角审视当下。

　　当我们提升视角时，便会发现这种提问思维对未来的职业发展大有裨益，甚至可能使你受用终身。相比之下，他人的非议和合理的开销就显得微不足道了。

　　希望这些思考能为你带来启发，助你更快、更好地攀登人生的下一个高峰。

▶ 本课成长笔记

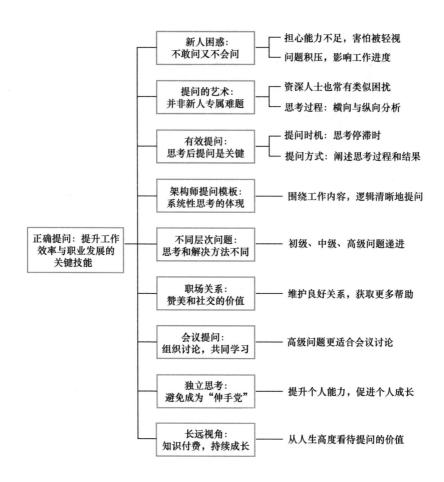

"

选择需要勇气，而勇气的来源是努力。

"

06

选择与努力：
成功职业生涯的双轮驱动

曾经有一位女士，她的经历让我印象深刻。她刚毕业时，为了拿到北京户口，放弃了亚马逊、拼多多等一线企业的工作机会，入职了现在这家公司。然而，她很快发现企业的现状远不如老板描述的那般美好。在这里，她难以获得个人成长，只是薪资丰厚。她面临的问题是：该立刻离职，还是先自学两年再考虑离职？

结合我们前几课传达的认知，你可以先花 10 秒思考一下应该如何选择，然后将答案保存在心里，我们稍后再讨论。

还有一位男士，毕业了大约十年，已年过三十。他最近突然感受到强烈的中年危机和职业生涯危机，非常焦虑、惶恐。他觉得自己目前得不到重用，也无法成长，不知该如何是好。

同样，请花 10 秒思考一下他应该怎么做，将答案保存在心里。

接下来，我想分享一下自己的成长历程和经验。听完我的讲述后，你可以看看心里的答案是否有所变化，也可以思考一下自己的成长难题是否得到了解答。

▼ 选择决定上限，努力决定下限

在讲述我的故事之前，我想先简要探讨一个基本概念：**选择决定上限，努力决定下限**。这是什么意思呢？

我们之前讨论过，工作的目的是成长。我们可以设定一个可量化的目标，比如 5 年内要上一个台阶。

那么，如何实现这个目标呢？努力固然必不可少，但仅靠努力还不够。努力能让你在当前阶段夯实能力，不断提升。但当你准备迈向下一个台阶时，就需要做出选择，让自己跨越门槛，提高上限，继续成长。

试想一下，如果不努力，你连跨越台阶的机会都没有。反之，如果你努力了却不选择跨越台阶，你的成长就会停滞，逐渐变得无所作为。

一些公司上市造就了一批亿万富翁，这就是一个典型例子。如果你不努力，可能连这些公司的面试都通不过；即便通过了面试，也很难获得股权。而如果你很努力，但没有选择跨越台阶，那么公司上市仍与你无关。

努力和选择相辅相成，呈螺旋式上升。如图 6-1 所示，职业发展是一个选择与努力螺旋式上升的过程，每一次选择都带来新的挑战和机遇，而持续的努力则能帮助我们不断突破瓶颈，迈向更高的台阶。

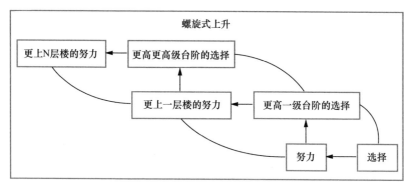

图 6-1　选择与努力的螺旋式上升

到这里，概念应该已经明确了。但还有一点需要补充：你要明白，选择不仅决定了上限，还意味着要拥抱不确定性；而努力不仅决定下限，还要负责将"不确定性"转化为"确定性"。选择往往伴随着不确定性，而努力则是降低和转化不确定性的关键，可以帮助我们更好地应对选择带来的挑战。

现在是不是觉得有点复杂了？别着急，接下来我会分享一些个人经历，帮你更好地理解这个概念。

▼ 选择需要勇气，而勇气的来源是努力

2015 年离开 IBM 时，我与唐青（IBM 全球企业咨询服务部大中华区副总裁、高级合伙人）在望京聊到凌晨 1:00。至今，我仍非常感激唐总对我的赏识。她给我开出的条件十分优厚：若留在 IBM，可

考虑 IBM GBS CTO 的职位；若想去南京，可特批我去那里工作，专门服务苏宁客户，还能获得一笔可观的安家费；甚至允许我减少销售工作，专注于架构和技术管理。这些条件好到让我感到些许愧疚。你很难要求一个领导做得比这更好了——她几乎解决了我所有的后顾之忧。

然而，我当时思考得很清楚，后来也常与人分享：我认为 2015 年是外企在中国的衰退元年。这个趋势当时已经非常明显：外企在中国市场开始处处受限，发展不顺；与此同时，中国民营企业正在高速崛起。

此外，我在 IBM 已经逐渐触及了个人成长的瓶颈。在一家远离总部的外企，我很难为公司的发展做出更大贡献，自己也难以获得更多的锻炼机会。因此，我最终决定离开 IBM。你可能会想，"老乔真厉害，居然抵住了这么多诱惑"，但是，这段经历能够带来的启示似乎很有限，它听起来像是一个在金钱和成长之间二选一的简单故事，对吧？

可现实生活哪有这么简单。我从北京南下加入苏宁，不仅仅是为了个人成长，更是在拥抱巨大的不确定性——这是一个极其艰难的决定。

首先，入职前，我并不能完全确定苏宁是否适合我，或我是否适合苏宁。毕竟，试用期不过关的可能性也是存在的。

其次，我始终认为，无论工作地点如何变化，家人必须在一起。因此，从北京到南京不仅仅是我个人的职业冒险，更是一次举家搬迁的重大决定。我清晰地记得：

2015 年 5 月 12 日我入职苏宁，而 6 月 7 日我们全家 —— 包括我的爱人、两个孩子、岳父母，甚至两位北京保姆一同搬到了南京。然而，我的岳父母刚到南京就抱怨气候不适应，打算回天津老家。

你看，除了工作，还有一系列生活问题等待解决。这已不仅仅是简单地换工作，更像是背水一战。做出这样的选择，内心煎熬可想而知。

面对这种情况，我唯一能做的就是努力——努力做好在苏宁的工作，努力解决生活中的各种问题。虽然选择苏宁时预期是好的，但结果仍充满不确定性。**我必须通过努力将这种"不确定"转变为"确定"，别无他法。**

事实证明，我确实做到了。我在苏宁的发展非常顺利，最终再次达到了个人成长的瓶颈。

后来从苏宁到环球易购的经历也颇为相似，我就不再赘述了。不过，我可以和你简单分享一下：

苏宁给我的待遇极其优厚。当我决定离职时，不仅苏宁的同事们大吃一惊，连我自己都感到诧异：我的儿子在南京最好的琅琊路小学就读；我在苏宁身居要职，薪酬丰厚，社会地位高，几乎已经有了在这里安度晚年的打算。而选择去环球易购意味着又一次远赴他乡——从华东到华南，又是一次艰难的举家搬迁……

当时，我给自己定下了两个目标。

- 将影响力从平台层面转移到个人层面。我希望人们寻求我的帮助是因为我是乔新亮，而不仅仅因为我是苏宁科技的副总裁。

- 主导参与一家公司业务高速发展的过程，实践技术领导者如何帮助业务成功。

于是，经过痛苦的思考和权衡，我还是下定决心离职去了深圳。

你可能会想，"老乔真厉害，想要什么就能得到什么，选择总是成功"，但事实并非如此。

在环球易购，我只实现了一个目标：我确实提升了个人影响力，但在推动企业发展方面，由于种种原因，并未完全达成预期。如果你关注"雪球"等市场资讯网站，可能已经了解我的情况，这里就不细说了。

所以，选择和努力听起来简单，但并不总能立即见效。不过，从我个人角度来看，这些看似老生常谈的道理比任何"成功学鸡汤"都更实用。选择面对不确定性虽然痛苦，但这是为了取得更长远的成功。正所谓"人无远虑，必有近忧"。

▼ 理性选择与持续努力：职业发展的关键策略

我的故事讲完了。现在，让我们回到这一讲的开始，关于那两位人士的提问。你还记得自己心里的答案吗？

那位女士的问题看似复杂，但我认为答案其实很简单：如果无法成长，就要果断选择离职。只需考虑两个条件就可以行动了。

- 平台提供实践机会；

- 有一位愿意指导你的好经理。

为什么这么说呢？选择总是需要勇气的，需要面对不确定性，还需要为选择做准备，选择后再努力。你能看到，我为了成长放弃了许多眼前的利益。但在这个案例中，我觉得这位女士付出的代价其实很小，毕竟刚毕业，户口也已到手。试想两年后、五年后，你还能与当初入职拼多多、亚马逊的同学竞争吗？

千万不要因为一个小小的决策失误，就葬送了自己的前途。这是我的个人看法。

至于那位男士的问题，说起来不复杂，做起来却有难度。答案是：先调研市场需求，再做能力储备，然后决定是申请调岗还是换公司。

你可能看了我的书后深受启发，心想："乔老师（或乔大哥、亮哥——看来大家给我起了不少昵称）说要注重成长，那我得赶紧跳槽！"

但请务必谨慎，并非所有人"跳海"都能顺利游到对岸，有些人可能会直接"溺水"。特别是那些向我咨询的、有多年工作经验的人士，切勿盲目跳槽。先问问自己：我的能力储备足够吗？如果答案是否定的，那就暂时按兵不动。

当然，也不必过分焦虑。相信我，真的没什么好担心的。你只需静下心来，认真调研市场需求，努力学习，多与他人交流以评估自己的能力。这样，问题终会迎刃而解。要相信，你是有能力成长的。

▼ 成长寄语

这一课的内容至关重要，可以说是这本书的主线之一。我建议你对照自己的经历，认真复盘。复盘时，请特别注意以下 3 点。

1. 本书强调成长。那么，什么是成长？从主观角度看，可以理解为"做选择 → 努力 → 再做选择"这一循环过程。成长的重要性怎么强调都不为过。

2. 选择并非易事，用一个词来形容，那就是"煎熬"。但即便如此，我们也必须做出决策，不能逃避。要勇于面对不确定性，同时冷静地进行风险控制和分析。

3. 做出选择后并非就万事大吉。我们要通过努力，将自己的选择变成真正正确的选择。上台阶固然重要，但也要警惕被他人一脚踢下去的风险。

在前面的内容中，我几乎分享了自己前 10 年职业生涯的全部经历，包括在 IBM、苏宁和环球易购 3 家公司的工作故事。你可能注意到了一个特点：我从未因厌恶某家公司而离职。无论是在这些公司工作，还是选择离开时，我都怀着感恩的心。很多朋友经常会对自己的工作流露出委屈，我认为这种心态对自己不利。诚然，当公司无法满足你的个人成长需求时，确实会产生矛盾。在特定的某一天或某一周，我也难免会有情绪波动。

但随着时间推移，我总能恢复平和的心态，因为我能理解公司和 CEO 的立场。每家公司在特定阶段都有其困难，就像恋爱关系一样，没有完美无缺的对象。如果确实不合适，选择跳槽就好，这应该是理性的决定，而非情绪化的反应。毕竟，是这个公司为你提供了薪资，还给了你锻炼和成长的机会。常怀感恩之心，你会更容易获得快乐！

如果你也能以这种心态思考，我相信你的职业道路会越走越宽广。我真诚地希望，这一课能解答你的诸多困惑。

▼ 本课成长笔记

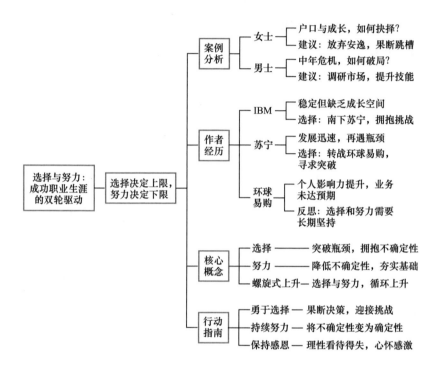

第二部分

管理工作：
组织、团队、需求

做多容易，做少难。

心齐则为团队，心散则为团伙。

07

优化组织架构：
管理者的核心任务（1）

在我身边，有些朋友技术实力超群。别人调试一周才能解决的 bug，他们三下五除二就能搞定；别人难以驾驭的高并发架构，他们不费吹灰之力就设计完成。领导频频表扬，他们还能时不时为团队做技术培训，可谓春风得意。

然而有一天，公司组织调整，这些程序员摇身一变成为管理者，顿时懵了：不知从何下手。有的人整天埋头写PPT，内心却觉得管理虚无缥缈；有的人虽坐在管理岗位上，却仍在埋头写代码。这种管理认知的缺失，正是初级管理者的典型困境。

如果将视野拓宽，你会发现，管理能力欠缺的现象在技术总监、技术VP，甚至CTO中也不鲜见。我培养过众多技术总监，也常收到猎头发来的"高薪求聘CTO"需求。这表明，当前业内仍然极度缺乏优秀的技术管理人才。

诚然，成为优秀管理者绝非易事，每个人都是一步一个脚印走过来的。我们此前多次讨论过登台阶的认知：每登上一个新台阶，挑战必然更大，需要时间学习和适应，这是再正常不过的事。

回顾这些年带领过的精英团队、万人团队以及创业团队的经历，我发现有些关键知识若能早些掌握，就能帮助我们快速构建管理知识体系，使之更加系统化。虽然管理者的工作千头万绪，但如果只能做 3 件事，我认为有三大管理任务始终最为核心，应该在团队内率先落地。

- 优化组织架构；

- 提升协同效率；

- 激发团队活力。

你可能会觉得这过于简化了。但要知道，做多容易，做少难。精华往往是浓缩的结果，我们要学会将复杂的事情简单化。

这三大任务并非孤立存在，而是相互促进的。它们共同实现了"促进业务增长""建立企业竞争壁垒"等主要目标，同时对应着图 7-1 所描绘的企业 IT 能力建设增长飞轮中管理者的三大核心职能。接下来，让我们一起拆解这个增长飞轮。

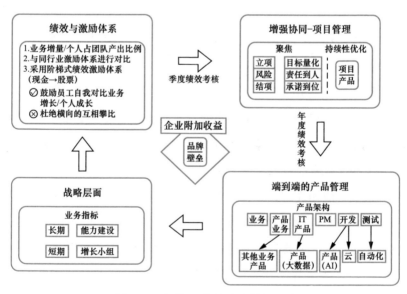

图 7-1　企业 IT 能力建设增长飞轮

▼ 拆解 IT 能力建设的增长飞轮

在图 7-1 中，飞轮有 4 个"叶片"，其中 3 个叶片分别对应管理者的三大核心职能：端到端的产品管理、增强协同－项目管理以及绩效与激励体系。图 7-1 左下角的战略层面则代表飞轮运转后为企业带来的业务增长。

接下来，让我们探讨飞轮的运转机制。请注意，这张图的核心是飞轮整体，而非单个叶片。

飞轮的第一个叶片是绩效与激励体系。这是企业运作的起点——毕竟，没人会无偿工作。虽然我一直强调个人不应仅为薪资而工作，但对管理者而言，金钱奖励仍是最有效的激励手段之一，尤其对于初中级岗位上缺乏正确认知的员工。

管理者的任务是通过评估团队成员的投入产出比来确定绩效，并建立具有行业竞争力的阶梯式绩效激励体系。这些完成后，就为第二个叶片（增强协同－项目管理）奠定了良好基础。

谈到项目管理，你一定比较熟悉，它主要包括立项、项目控制、风险管理和结项等环节。其中，立项尤为重要。在大多数情况下，好的立项能显著提高项目成功的概率。那么，什么是好的立项呢？以下 3 项工作必须落实。

- 目标量化：每个业务目标、产品目标和技术目标都要清晰且可量化。
- 责任到人：上述每个目标都要明确责任人，不能全由项目经理承担。
- 承诺到位：如需外部组织配合，必须获得其明确承诺。

如果上述任何一个条件未能落实到位，就不应立项。即使企业处于快速迭代阶段，可适当放宽要求，但项目启动会后一周内，这3项仍须全部落实，否则项目将被列入高风险关注名单。

在用人方面，应尽量提高人才密度。同等工作量，宁可由2位中高级人才完成，也不由3位初级人才完成，这主要是为了降低管理成本。

然而，仅会做项目还不够。我常说，做项目赢在当下，做产品赢在未来。高效落地项目，是为了更好地孵化产品。增长飞轮的第三个叶片（端到端的产品管理）的关键在于建立面向产品的组织架构和机制，以产品为核心驱动组织运转。换言之，项目管理是手段，目的是打造优秀的产品。

产品在企业内成功孵化后，最终需要在市场上证明自身价值，为企业带来业务的高速增长。这就引入了增长飞轮的第四个叶片——战略层面。

这一部分我们主要关注业务增长，可从长期和短期两个维度理解。我们当前围绕产品开展的许多工作，不一定能立即推动业务跨越式发展，有些可能在半年后才会深刻影响业务增长。但请记住，业务的增长必定与产品能力的建设密切相关。

最终，业务增长带来企业营收和利润的提升，进而使激励体系更具吸引力。这样，企业 IT 能力建设增长飞轮就开始正常运转了。

除了业务增长，这个飞轮还能为企业带来哪些价值？我认为，在飞轮运转过程中，企业品牌正在不断建立。此外，随着越来越多的产品逐渐形成平台，甚至发展为对外云服务，企业积累的 IT 实力持续增强，这将在行业内形成真正的竞争壁垒。

回顾增长飞轮，我们会发现任何一个叶片的缺失都可能导致飞轮停转。如果仅关注绩效与激励体系，短期内员工可能很满意，但长期来看企业可能会倒闭，最终伤害所有人。相反，如果只专注于项目管理和产品管理，忽视激励体系，那就等同于用企业的资金为整个行业培养人才。

因此，我们在讲解管理者的三大核心职能时，按照"激励"到"增长"的顺序进行，但你可以从任何一个叶片开始思考，不同的起点会带来不同的关注重点。当然，图 7-1 能展现的内容有限，要让增长飞轮运转得更好，我们还有许多内容需要探讨。不过那些都是后话，现在让我们先来详细讨论管理者的首要管理任务：优化组织架构。

▼ 构建面向产品的组织架构

在当今时代，优化组织架构意味着构建面向产品的组织架构，这对应了"企业 IT 能力建设增长飞轮"的第三个叶片。

为什么要首先讨论组织调整呢？因为组织架构是公司协作的基石，它决定了各团队的思维方式和协作模式。如果不进行调整，研发、测试和产品团队各自为政，团队间自然会形成壁垒和鸿沟。结果是正确的战略决策难以快速落地，公司内部协作效率低下，容易产生扯皮现象。

因此，当你拥有足够的权限、能力，且时机成熟时，我建议优先调整组织架构，将其从职能型研发组织结构转变为产品型研发组织结构，也就是构建所谓的"Pizza 型团队"。图 7-2 和图 7-3 呈现了职能型和产品型两种研发组织架构在人员组成和汇报关系上的差异。

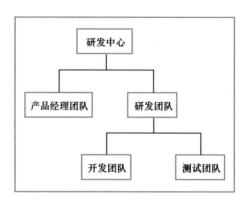

图 7-2　职能型研发组织架构

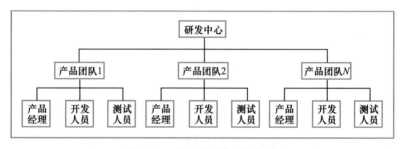

图 7-3　产品型研发组织架构

职能型研发组织架构的特征如下。

- 研发中心作为最大的产品团队；

- 二级部门（本例中即研发中心）按职能划分为多个专业部门，如产品经理团队、研发团队，有时研发团队还会细分为开发团队和测试团队；

- 每位员工仅隶属于一个职能组织；

- 三级部门人员可无限扩充；
- 三级部门团队领导根据专业能力选拔或竞聘，如研发能力强的担任研发团队领导，测试能力强的担任测试团队领导。

相比之下，产品型研发组织架构的特征如下。

- 研发中心仍作为最大的产品团队；
- 二级部门按产品划分为多个三级部门，每个三级部门形成一个独立的产品团队；
- 每位员工至少归属于一个产品团队，可同时参与多个产品的研发；
- 每个产品团队规模控制在 7 到 8 人，最多不超过 10 人；
- 每个产品团队配备产品经理、开发和测试人员，形成可独立作战的小分队；
- 三级部门产品团队领导可从团队中选拔，任一成员都可能担任；
- 产品团队领导需具备专业能力、领导力和汇报能力等，综合素质需过硬；
- 团队领导遵循"能者居之，能上能下"的任命原则。

考虑一下，这种组织架构变化的核心在哪里？我认为有以下几个关键点。

第一，产品经理、开发人员、测试人员形成了一个整体，共享文化价值观，为共同目标努力，大大提升了战斗力。

愿景、文化、价值观至关重要。工作是否被赋予意义，会极大影响执行效果。以彩食鲜为例，我们的愿景是：让全国人民享用可信赖的生鲜。当一个由各关键岗位组成的战斗小分队共同为此目标奋斗时，齐心协力的效果远胜单打独斗。

第二，产品经理、开发人员、测试人员都开始深入了解业务部门，与运营团队紧密合作，对自己的产品全权负责。

过去，业务部门认为 IT 部门一无所知；IT 部门则视业务部门为时代落伍者。在我的团队中，这种情况已不复存在。每个人都必须熟悉业务，不需要了解业务的岗位一律外包。即便是运维人员也要学习业务，只有深入理解业务特点，才能做好运维工作。业务部门和 IT 部门是兄弟，同心协力，无坚不摧。

心齐则为团队，心散则为团伙。为何许多公司的业务团队和 IT 团队难以齐心？根本原因在于组织整体架构设计存在缺陷。局部优化无法从根本上解决问题，需要系统性的解决方案。

彩食鲜的业务部门和 IT 部门关系融洽：相互理解、彼此支持；成功时同庆，失败时共渡难关。我相信，这是人人向往的团队氛围。而我一直在思考如何营造这种文化氛围。答案是，必须从底层着手，优化最基础的架构设计。

第三，管理者能通过一套统一的绩效考核体系，评估不同岗位的团队成员。

过去，我们如何考核研发人员？可能是 bug 数量，或者宕机时间。然而，在大多数业务驱动型公司中，这些指标的意义真的那么大吗？如果业务都消失了，系统再稳定又有什么用？如果你的产品能为公司带来上亿利润，偶尔宕机一次又何妨？

虽然最终目标是全面提升，但在前进过程中，如何寻找平衡才是管理的智慧。作为管理者，你要掌握灰度管理，在业务发展和技术能力建设之间不断寻求平衡。此外，管理者应将所有人的目标调整到业务发展上，带领团队共同寻找最优解，避免各方只顾局部利益，忽视全局发展。

我认为IT团队的定位是：IT必须成就业务。如果你能影响公司的IT策略，一定要通过利润和营收来考核IT产品为业务创造的价值，同时评估业务部门的IT化水平。

我曾与亚马逊零售部门的专家交流，发现亚马逊很早就开始将业务部门的IT化水平纳入考核。在某些时期，如果采购部门的系统自动化程度不够，采购单甚至无法人工下发。

具体方案上，你可以以产品线为单位进行考核，参照成熟度模型设立具有挑战性的绩效目标。然后，从业务价值的增量中按比例回馈给产品团队。

你可能会想，如何估算业务价值呢？这看似有点难，其实并非如此。业务价值可以参照公司或部门的收入和利润进行换算；如遇无法直接计算的情况，则可按人效提升或人力节省的程度来换算。我们可以用"开源节流"这个概念来给工作做更明确的分级。

开源类工作是指那些能帮助企业增长、扩大市场份额的工作，这类工作应当优先处理。例如，提高企业内部连接和协同效率、提升数据共享透明度、提升决策效率等任务，基本都属于开源工作。

节流类工作主要指提高人效、节省人力等，优先级次之。当然，有些工作既能开源又能节流，这类工作效果最佳。

别觉得这很复杂，记住一个基本的设计原则就能帮你理解上述内容：企业追求增长，个人关注成长。我们鼓励每个人通过自身成长，为团队贡献更多能量，推动企业发展，最终在不断增长的"蛋糕"中共享利益。

两种组织架构还有许多细微差别，我就不一一展开阐述了，留给大家在实践中体会和思考。重要的是，通过转变组织架构，整个 IT 部门的氛围会焕然一新。业务部门就像父亲，贡献行业知识；IT 部门则如母亲，提供科技赋能；双方共同孕育了一个既懂业务又懂技术的"孩子"——产品。

这个"孩子"的能力建立在平台的基础之上，继承了过往积累的所有经验，不断学习、进步、成长。当企业坚持长期投入 IT 时，就会形成复利效应，让这个"孩子"能贡献的价值与日俱增。最终，"父母"双方都将从中受益。

▼ 如何做组织架构的选型？

当然，并非所有公司都需要立即构建面向产品的组织架构。你也不要看完这本书就急着去找 CEO "谈心"。

在"职能型研发组织"和"产品型研发组织"之间进行选择时，需要考虑公司面临的技术挑战。如果公司在技术方面仍面临重大挑战，建议选择职能型研发组织。例如，当产品经理、开发人员、测试人员的能力较弱，且存在诸多难以解决的技术难题时，不宜贸然转型。如果技术挑战已基本解决，不要犹豫，建议转为产品型研发组织结构。

选择产品型研发组织后，考虑通过设立技术管理办公室和云部门，统一构建基础平台和研发管理平台，这样可降低对大多数开发和测试人员的专业能力要求。对于 200 人以下的研发团队，设置一个技术管理组织就足够，将研发规范管理和基础平台能力建设这两项功能整合在一起。如果团队规模超过 200 人，则应考虑分设技术管理办公室和云部门，前者负责研发规范管理，后者负责基础技术平台能力建设。

图 7-4 提供了一个简单的决策树，帮助企业根据自身的技术挑战和团队规模选择合适的研发组织架构。

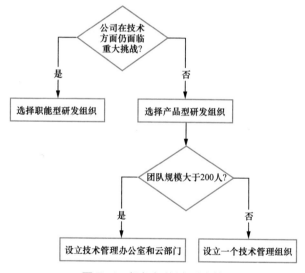

图 7-4　组织架构选型决策

你可能会说，"我还没有权力做组织架构设计和调整，通过这部分内容我能得到什么收获呢"？在本书的第一课，我强调过要学习看清问题的本质，养成多思考的习惯。现在，就请你结合自己的工作，好好思考一下这套调整方案背后的本质是什么。

如果你是项目经理，可以回顾过往项目，调整视角，思考如何运用类似的思维模式解决项目问题；如果你是架构师，可以探索这个方案与架构设计有何异曲同工之处。

无论你是产品经理、测试经理还是资深开发人员，都应该结合自身工作，寻找触类旁通的问题。

尽管上述管理措施并非每位管理者都有权立即执行，但你应该先学会倾听、了解。随着交流的深入，你会发现成功的高层管理者在管理方法上往往有许多共通之处，提前接触这些内容有助于提升你的认知水平，更清晰地把握当前的成长路径和工作目标。

切记，不要看过就抛之脑后。要定期拿出来重温，这会给你带来意想不到的收获！

当然，你无须担心后续内容与中层管理者无关。本书将涵盖多个层次和维度的话题。

如果你已经是一名拥有决策权的高层管理者，那就再好不过了。以上所讲的方案均来自我在环球易购和彩食鲜的管理实践。

▼ 成长寄语

从认知层面跨越到管理实践，不知你有何感受？作为管理者，我们的目标是打造一支能征善战的团队。本节课重点阐述了如何构建一支适应"现代战争"组织形式的队伍。

接下来的两节课，我们将聚焦于如何提升协同效率和激发团队活力。这三课内容共同构成了技术团队管理的"三板斧"。

掌握这些技能后，你就能带领团队迎接挑战了：为每个季度设定富有挑战性的目标，并组织团队实现它。频繁的胜利将培养团队的制胜习惯，使"打胜仗"成为一种信念。当面对新的挑战时，你的团队将会兴奋地迎难而上，最终取得胜利！

愿各位都能成为企业中的"常胜将军"。

▶ 本课成长笔记

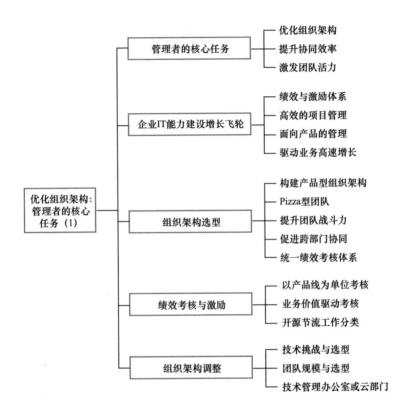

协同，就是让所有人向着同一个目标狂奔，并妥善解决奔跑过程中的合作问题。

没有透明度，就无从谈起真正的协同。

提升协同效率：
管理者的核心任务（2）

在上一课，我们探讨了管理者最重要的 3 个任务之一：优化组织架构，并介绍了"企业 IT 能力建设增长飞轮"。回顾图 7-1，IT 能力建设是一个持续改进的循环，各个方面相互促进，形成良性循环，最终提升整体 IT 能力。

在本课中，我们将聚焦飞轮的第二个叶片，它对应着管理者的第二个重要任务——提升协同效率。

为什么要如此强调协同呢？我在刚成为管理者时也没意识到协同的重要性。但随着职位和薪资的不断提升，我开始感到焦虑，因为我无法回答一个问题：

你凭什么拿这么高的工资？

我常说，在正常的情况下，薪资应该按照公司收入的比例制定：比如公司赚 100 元，你拿 1 元。那么，当你拿到 2 元时，就意味着你为公司创造了 200 元的收入。对普通程序员而言，这个逻辑很合理——一个出色的程序员的产出确实能达到初级程序员的 2 到 3 倍，有时甚至是 4 倍。

可是年薪是程序员的 10 倍，可能吗？对于个人来说，从概率上讲这很难实现；但对于带团队的管理者来说，可能性却很大。假如一支团队一年为企业贡献 1000 万元利润，在你的带领下，年利润贡献变成了 2000 万元，甚至 1 亿元、2 亿元，那么管理的价值就显现出来了。

管理者带领团队最大的价值是向管理要效益，让团队价值大于个体所能贡献的价值之和，通俗讲就是 1 + 1 > 2。因此，提升协同效率是众多管理工作中最基础，也是最重要的部分之一，几乎可以说是管理者的"天职"。

你可能会想，老乔，协同不就是让同事快点回信息、快点写代码、尽量别吵架吗？别说得这么玄乎！

当然不是了，我们这里讲的协同，可不是单纯地催同事干活。如果要用一句话总结，我认为是：协同，就是让所有人向着同一个目标狂奔，并妥善解决奔跑过程中的合作问题。

这里有两个关键指标：一个是"目标聚焦"，一个是"顺畅合作"。高效协同的关键在于目标聚焦和顺畅合作，如图 8-1 所示，这两个指标相互支撑，共同构成了高效协同的基础。

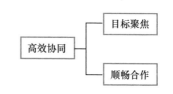

图 8-1　高效协同的两个关键指标

下面我来分别讲讲，为什么要实现这两个关键指标，以及如何实现它们。

▶ 认知与工具层面的目标聚焦

让我们先探讨为什么目标聚焦如此重要。有两个关键认知你必须深刻理解。

- 即便你能力超群，需求也永远无法全部满足；
- 正因需求无穷无尽，我们必须站在全局角度思考，在战略上"舍九取一"，实现单点突破。

这两点认知我们稍后会详细讨论。现在，请思考你的公司是否存在以下情况。

- 团队各自为政，缺乏共同目标，影响整体产出；
- 部门之间相互推诿，遇到问题互相甩锅，降低团队效率；
- IT 团队成员抱怨："我开发了一个出色的产品，但因为缺乏配合，它没能发挥应有的价值。"

......

如果你往东我往西，结果不就是原地踏步、毫无进展吗？这些问题的根源在于目标不一致——每个人只关注自己的一亩三分地，忽视了团队的整体目标。从公司的角度看，这无疑是在浪费资源，没有充分发挥协同的价值。

那么，如何让团队培养全局思维，齐心协力朝着同一方向努力呢？接下来，我们将讨论四大协同手段，这些方法按照实施过程从简单到复杂排序，如图 8-2 所示，涵盖了沟通、日程安排、文档管理和目标设定等方面。

图 8-2 四大协同手段

- 沟通协同：主要通过飞书等即时通信软件实现。
- 日历与会议协同：要求全员（尤其是管理者）公开日程，

空白时段即可预约会议，从而减少协调成本。

- 文档协同：利用石墨文档、飞书文档等共享平台提高协作效率。

- 目标协同：通过 OKR 实现上下目标一致。在彩食鲜，中高层每月、每季度对齐目标，执行层则每日、每周对齐。

这些方法虽然简单明了，但它们是构建协同文化的基础。作为管理者，你需要每周甚至每天关注以下问题：

- 团队中是否存在影响协同效率的情况？

- 哪些组织或个人正在阻碍协同效率的提升？

- 是否有团队成员因缺乏全局视角而影响了更大的组织目标？

  ……

要公开表扬、鼓励协同做得好的组织和个人；对影响协同效率的组织或个人，先私下进行批评和沟通，必要时，也可在公开场合进行批评。这样，团队很快就会明白你的期望：组织的成功和全局观的重要性。

最关键的是，**必须用心关注团队的协同情况，这没有捷径可走**。我每周（有时甚至每天）都会询问团队：有什么问题需要我解决吗？有遇到任何意外情况吗？

我建议你也这样做。不仅如此，还要密切关注团队的 OKR 和任何异常情况。这可能听起来有点笼统，那该如何保持关注呢？答案是紧盯两个指标：结果指标和过程指标。

以彩食鲜的产研部门为例，他们三季度的目标是"销售支持 100% 在线化"和"财务对账 100% 在线化"——这两个"100%"就是结果指标。而系统稳定性 bug 数量、生产环境 bug 数量、千行代码 bug 率、服务响应时间等，则属于过程指标。

什么是好的管理呢？平时关注过程指标，考核时看重结果指标。过程指标和结果指标之间存在着密切的联系，如图 8-3 所示，过程指标的优化最终会影响结果指标的达成。

图 8-3　过程指标与结果指标的关系

管理者不仅要每周查看过程指标，更要养成每天查看的习惯。有些管理者只重视结果而忽视过程，有些则整天盯着过程却忘了结果指标。这两种极端做法都是严重的管理问题。

尽一切可能打造极度透明、信任的文化

到目前为止，我们讨论的主要是协同工具。这些工具并不新奇，你可能已经在使用其中的一部分，甚至全部。从工具的角度来看，当其他人还在用旗语和鼓声进行团队协同时，如果你有一部电话，就能实现相对高效的协同，从而在市场竞争中脱颖而出。然而，如果你和他人一样都在使用邮件和微信群进行协同，那么协同效率就没有显著差别，也就难以体现管理的价值。

那么，这些工具之间的关键区别是什么呢？答案是信息的透

明度。从旗语、鼓声到电话，再到微信群、邮件，信息同步的难度在逐步降低。你会发现，许多公司的行为实际上都在追求提高信息的透明度。

因此，加强协同本质上是在打造一种极度透明、相互信任的文化。

举个例子，许多公司热衷于开会。每当有新任务，就立即召开一个项目启动会，邀请来自产品、研发、销售等各个部门的十几个人，大家互相协调时间，然后坐下来进行低效的讨论。我听说过很多这样的案例，有些会议从上班开到下班，大家整天都被困在会议室里，感到十分疲惫。

其实你可以反过来思考：开会的本质目的是什么？（看，前面我们讲了要学会思考问题的本质，现在正是实践的好机会）归根结底，开会是为了确保信息透明、促进协同，投入时间来统一所有人的思想、目标、时间节点和工作内容。

现在是不是觉得传统的开会方式不太高效？

就开会这一点而言，我认为字节跳动的做法非常出色。字节跳动要求员工在会议开始前 10 分钟，就将会议内容上传到共享文档中。参会者可以共同编辑、评注文档，一起审阅文档内容。这种方式确实大大提高了效率。

但要注意，这种方式有一个重要前提：信息必须高度透明。所有参会者都需要清楚地了解目标和会议材料，这样才能在共享文档上进行有效的修改。如果你连目标都不清楚，对项目背景了解也不足，又怎么能进行修改和协同呢？**信息透明度不够，最终只会耗费团队更多的时间成本。**

因此，协同的核心在于极度透明，无论是目标还是关键信息。信息越透明，团队成员的思想就越容易达成一致，协同效率也就越高。没有透明度，真正的协同就无从谈起。在当前的市场环境下，缺乏透明度的协同只能算是低效协作，实际价值有限。

▼ 问题必须及时暴露

经常同步好消息并不难，但请大家设身处地想一想：你会主动向领导同步坏消息吗？

例如，线上生产程序存在未被发现的内存泄漏；公司计划进行容器化，临近 deadline（截止日期）才发现服务器未准备就绪；或者个人能力不足，导致进度严重拖延，眼看就要错过公司级重点项目评定的截止日期……

在许多公司，答案往往是：不一定。然而，坏消息恰恰是高效协同中最关键的部分：及时暴露问题，才能及时解决问题。如果一方出现意外而导致整个项目组陷入停滞，这便是严重的协同问题。

为此，我在彩食鲜制定了两项不可违背的规定。

1. 问题必须暴露，绝不允许隐瞒，这是红线。如发现有问题未上报，将直接开除。

2. 允许犯错和试错，绩效评分不以指标为唯一依据，而是根据复盘情况来决定。

第一项规定如同军令，旨在保障协同发挥出它的核心价值；第二项规定则是为了给予团队安全感，为大家提供成长空间，鼓励大家挑战更高难度的目标。哪怕高难度任务的结果不尽如人意，只要在复盘时能够深入分析，团队成员同样有机会在绩效考核中获得高分。

有人可能会质疑：第一项规定如此严厉，第二项规定又要创造安全感，这两者如何兼容？请注意，主动暴露问题并非难事，这不是能力问题，而是意愿问题。因此，我们对此严格要求。

第二项则涉及能力层面。面对当今众多富有挑战性的目标和诸多不确定因素，如何激励每个人积极进取？答案是不单纯依赖 KPI 考核。在彩食鲜科技中心，我们对确定性工作采用 KPI，对不确定性工作使用 OKR，效果显著。

要记住，团队成员都是有血有肉的人，安全感对他们而言至关重要。缺乏安全感的团队不仅绩效低下，协作能力也会大打折扣，因为信息不再透明。在缺乏信任的环境中，没人敢畅所欲言，生怕一不小心就遭到解雇。

通过持续允许试错、保持信息高度透明、客观复盘、实现公开透明的绩效评定等管理措施，团队成员之间的信任会逐渐增强，反过来又会提升组织的协同效率。

这两项规定体现了管理的辩证思维和灰度空间，后两者也是困扰许多初级管理者的问题。我们将在后续课程中专门讨论这一点。

▼ 顺畅合作的秘诀

这一课我们讨论了管理者的第二个重要任务——提升协同效率。其要点如下。

- 协同本质上是通过管理提高效率，这是管理岗位存在的根本意义。
- 管理者需要运用四大协同手段和基础认知，持续关注协同过程中的目标聚焦问题和突发情况。
- 效率是相对的，其核心在于建立高度透明的文化——不够透明，就无法实现高效协同。
- 选择合适的工具只是提高协同效率的一部分，为团队创造有原则的安全感往往更为重要。

你可能会问："老乔，等等，你之前提到协同有两个关键指标，目标聚焦和顺畅合作。但你还没解释如何实现'顺畅合作'呢！"

其实，这个问题并不复杂，所以我们可以简单地讨论一下。我们已经详细探讨了目标聚焦，也介绍了协作的客观方法。如果掌握了这些方法后仍然出现影响团队合作的情况，那么问题更多在于当事人的态度或格局。

首先，如果对方不愿意配合，这是态度问题。管理者应及时介入，通过沟通来解决。

其次，如果对方愿意配合但确实很忙，管理者需要及时介入，判断哪个需求更符合整体目标。大家都应该从公司利益的角度出发，以更宏观的视角来看待问题、做出决策。

最后，也有可能存在双方因公因私发生争执，导致工作氛围恶化的问题，甚至管理者难以介入，这确实是许多人面临的难题。

我与许多管理者交流过，发现相当一部分人喜欢在这一点上纠结。有些管理者俨然成了团队的"居委会大妈"，耗费大量时间调解团队矛盾，结果不仅效果不佳，反而使团队风气恶化。

其实解决办法很简单。我向团队明确表示：彩食鲜 IT 团队可以有不同观点，但必须通过沟通解决。若无法决策，就找上级管理者定夺。但绝对不允许在办公室吵架（注意，这不包括理性辩论）。一旦发现，直接开除。这样，问题就迎刃而解了。正如我们之前提到的，对于团队成员个人而言，那些易于执行却影响重大的规章制度，必须坚决贯彻到底。管理不需要花里胡哨的手段。

这就是确保团队顺畅合作的秘诀。它更多地考验管理者的认知，而非技巧。

▼ 成长寄语

请记住，任何时候都要保持辩证思维，不要盲目照搬课程内容。许多大企业的协同效率确实很低，一方面是因为企业规模扩大，通常情况下，企业规模与协同效率成反比；另一方面，这些公司当前可能根本不需要追求协同效率。

如果你所在的公司拥有优越的商业模式，或正处于高速增长期，千万不要过分追求管理效益。我建议你暂时忽略这些管理细节，全力以赴，助力公司快速扩张，抢占市场。此时若停下来雕琢细节，可能会失去先机，得不偿失。

但我们也要认识到，没有哪家公司能永远保持"野蛮生长"，增长曲线终将趋于平缓。尤其是在当前，我们的市场正从供不应求转向供大于求，从增量时代过渡到存量时代——这时，管理的重要性就凸显出来了。可以说，任何公司最终都需要追求管理效益，也就是提升协同效率，这只是时间问题。

好了，关于提升协同效率的话题，我们就讨论到这里。

▼ 本课成长笔记

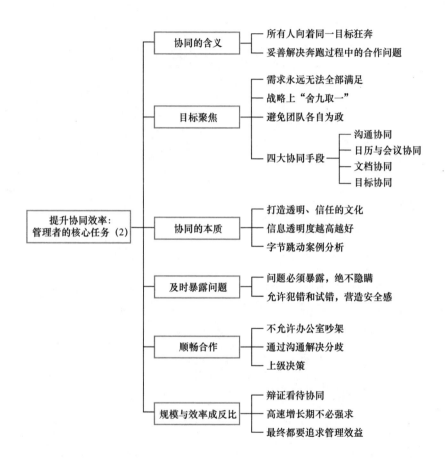

管理者的职责不是确保每个人都成功，而是确保团队及留下的成员能够成功。

有时候，一场胜仗比任何管理方法都更有效。

激发团队活力：
管理者的核心任务（3）

在前两课中，我们探讨了管理者的两项核心任务：优化组织架构和提升协同效率。有人可能会问：即使完成了这些任务，某些部门仍然面临着工作繁杂、员工缺乏主动性的问题，员工每天只是按部就班地工作，缺乏激情，该怎么办？别着急，在这一课中，我们将探讨如何激发团队活力，为管理者的三大要务画上圆满的句号。

▶ 寻找同路人，团队凝聚力的基石

我相信，读到这里，你要么已经是管理者，要么有志成为一位优秀的管理者。那么不妨思考，如果将激发团队活力的任务交给你，你的首要行动会是什么？是请团队成员吃饭、一起打《王者荣耀》，拉近彼此距离？还是召集大家开会，发表一场振奋人心的演说？又或者是一对一与团队成员私聊，讨论对他们的期望和规划？抑或是分享一个关于绩效和奖励的好消息？

这些想法都很好，视具体情况也都可以实施，但它们都不是最关键的第一步。在我看来，激发团队活力的首要任务是找到"同路人"。过去，我们常认为只有寻找公司合伙人时才需要同路人，但这远远不够。**理想情况下，团队中的每一个成员都应该是同路人**。如果短期内难以实现，我们也要不断追求建立同路人文化。

激发团队活力，本质上是解决人的问题，而许多人的问题，归根结底是思想问题。回想一下那些描绘新中国成立初期的电视剧，人们在路上相遇时互称"同志"。"同志"意味着什么？它代表志同道合的人——同德则同心，同心则同志，这正是同路人的真谛。在那个经济不发达、物质条件匮乏的年代，全国上下团结一心，展现出惊人的凝聚力，共同度过了诸多艰难时刻。

想象一下，如果团队能达到这样的凝聚力，它将拥有多么强大的战斗力！相反，如果找不到同路人，你会陷入无休止的管理困境：如何处理经常迟到的员工？如何调解同事的矛盾？如何激励能力不足却不愿学习的成员？这些问题会接踵而至。

出现这种情况，往往不是因为你的管理技巧不够高明，而是因为你没有为团队找到真正的同路人。寻找同路人需要做大量细致的工作，包括精心设计面试流程、宣传企业文化、制定有效的激励措施等。

最关键的是，**要果断开除那些触碰底线的人**，尤其是那些能力强但不遵守规则的人，因为他们对其他团队成员的影响尤其深远。举个例子，我们团队不允许抱怨。你可以随时反馈问题、与我商讨解决方案，但绝不允许私下不断抱怨，否则将被立即开除。

你可能会说，"老乔，这做法是不是有点冷酷"？但你要明白，管理者的职责不是确保每个人都成功，而是确保团队及留下的成员能够成功。如果管理者只想当好人，短期内大家可能都很开心，但长远来看，团队可能会走向衰败，最终害了所有人。图 9-1 展示了寻找同路人的步骤。

图 9-1　寻找同路人

值得注意的是，那些可能导致员工被开除的规定，通常只是对工作态度的基本要求。换句话说，这些规定并不难遵守，只要你愿意，就一定能做到。

在第 8 课里，我们也提过类似的情况：彩食鲜不允许员工在办公室吵架（非辩论），如有发现，直接开除。管理者做此类决策必须果断，因为一旦团队氛围被少数人破坏，补救起来会更加困难。成年人已形成自己的逻辑闭环，行为具有惯性，改变极其困难。

董明珠强调格力重视校招，很少从外部招聘成熟管理者，为什么？就是为了确保在格力工作的都是同路人。找到同路人加入团队后，管理方面也要更加慎重。

一些管理者常犯一个错误：对管理上瘾，在团队管理上投入越来越多精力，仿佛不多管就失去了存在价值。短期来看，这种态度值得肯定，但长期来看会出现问题。关键认知是：管理的目的是不管。我们应该致力于将自驱力不足的人变得更主动、更积极，而不是当个越管越严的监工。

如果管理制度只是不断增加，公司最终会被束缚手脚，对外部市场的响应速度会越来越慢。即使每件事都做对了，结果也可能输给市场。管理应该从少到多，再从多到少。这个过程中，团队构成会发生变化，出现越来越多自律、自驱的同路人。先管理以求效益，然后逐步放手，让团队自律自驱，最终达到"无为而治"的状态。图 9-2 展示了管理投入和团队自驱力之间的关系。

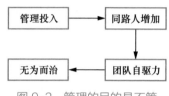

图 9-2　管理的目的是不管

这个过程体现了用发展眼光看待事物演变的辩证统一哲学观。具体到某一时点，要运用灰度管理的思想。首先，如果你始终处于工作饱和状态，个人很难进步——初级管理者都天天熬夜了，成为高级管理者岂不是要不眠不休？这是不可能办到的。因此，要想办法用更少的工作量达成更好的效果。其次，我们都希望团队成员具有强大的自驱力和创造力。如果管理过于严苛，那些自驱力强的人才就会逐渐离开，因为他们失去了自由和发挥空间。

我们的理想状态是：所有人都很自由，不需要过多管理。要实现这一点，核心在于团队是否具备开放平等的工程师文化，只有这种文化才能激发工程师的积极性。在这方面，你一定要慎重，既不能放任不管，也不能管理过度，关键是在文化建设上下功夫。

▶ 使命驱动与公平晋升，激励体系的双轮驱动

一个有效的激励体系需要双轮驱动，如图 9-3 所示，"使命驱动"激发内在动力，而"公平晋升"则提供明确的外部激励，两者相辅相成，缺一不可。

找到同路人并把握好管理尺度
还不够。使命和愿景至关重要，带
着信念做事的效果与没有信念截然

图 9-3　激励体系的双轮驱动

不同。我们的工作往往富有意义，能让社会变得更美好。关键在于
你能否找到这个意义，并将其赋予团队。

在彩食鲜，我常说："**以人为本，让员工、客户、合作伙伴更
卓越。**"工作虽然充满挑战、令人疲惫，但当你意识到自己的努力
能让用户生活更美好、更轻松时，难道没有成就感吗？

许多公司内部贴满标语，但仅此还远远不够。我的团队称我
"乔老师"，因为我经常向他们阐述道理。只有不断重复、坚持言传
身教，使命和愿景才能真正深入人心。

此外，管理者还需让团队感受实际的业务和工作压力，制定富
有挑战性的目标，鼓励大家比拼工作成绩。但这种比较必须在同一
赛道进行。若让普通员工与经理比较，或让初级工程师与高级工程
师比较，结果显而易见。长此以往，考评将失去意义，还会打击普
通成员的积极性。评奖、统计绩效，每个团队都会做这些工作，但你
的团队划分考评赛道了吗？这一点至关重要。

有了考评，就要有晋升通道。在第 7 课中，我们讨论了职能型
和产品型研发组织的区别，你可能没注意到一个细节：产品型研发组
织中，团队领导的任命原则是能者居之，能上能下。图 9-4 展示了管
理者和普通员工之间可以双向流动。

为什么？这是为了让考评和激励真
正有意义。

我常说，如果一个领导一旦被

图 9-4　能上能下的任命原则

提拔，无论表现多差都能固守高位，组织岂不成了一潭死水？这样又怎么谈得上激发团队活力？我们开辟的是一条双向通道：管理者表现不佳可能被降职，但以后表现出色还有机会再回到管理岗位。

在团队内，我们在同一赛道进行比较。一个人在管理赛道可能垫底，但在普通员工赛道却可能是"优等生"，很有竞争力。第一次做管理者可能失败降职，但第二次尝试时，吸取了教训，往往会更加熟练。

如图 9-5 所示，赛道理论强调在清晰定义的职业发展路径中进行公平竞争，每个赛道代表不同的职业发展方向，员工在各自的赛道上竞争和晋升。

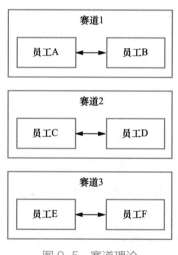

图 9-5　赛道理论

从管理角度看，每个赛道就像一列高速行驶的火车。跑在前面、为火车提供动力的员工要得到奖励，这叫"给火车头加足油"；而拖慢火车速度的"尾巴"，则要"切掉"，降到下一级赛道。

因此，高层管理者不要畏惧对下级进行任免；小团队管理者也不要对任免心存抵触。玻璃心的人不适合当管理者。华为内部有句话："板凳需坐十年冷。"如果连一点委屈都受不了，团队就不可能有凝聚力。只有上下流动，团队的活力才能被充分激发。

至此，这一课可能与你的预期不太一样：我们说要激发团队活力，但老乔似乎讲了许多看似与激励无关的内容。别着急，上面我们谈的主要是压力，但单有压力是不够的，我们还需要给团队动力。从管理者的角度来看，关键在于尽可能发掘团队中每个人的优点。

▶ 细节管理与游戏化激励，持续激发团队活力

管理者的个人风格在这方面影响很大。性格活泼、思维灵活的管理者往往更善于发现他人的优点。相比之下，自我要求高、性格严谨的管理者可能对下属要求更严格，倾向于等待下属在各方面都表现出色才给予表扬。然而，这种做法并不理想。每个人都有自己的长处，我们不应等待他们十全十美才予以肯定。

管理者应该建立一套系统，积极发掘团队中每个人的优秀之处。有些人可能不是最勤奋的，但他们最讲求契约精神；有些人的代码能力可能不是最强的，但他们进步最快。

在彩食鲜，我们设立了如下 8 个奖项，未来还会增加。

- 金苹果奖：表彰团队中工作成绩优异，创造高业务价值的成员。
- 烂草莓奖：激励团队成员继续努力提升。
- 最具协作力奖：表彰在团队合作中表现突出的成员。
- 最具契约精神奖：表彰使命必达，保质保量完成任务的团

队成员。

- 持续改进奖：表彰敢于试错，不断尝试创新的团队成员。
- 最佳专业技能奖：表彰技术能力出众的团队成员。
- 最佳服务满意度奖：表彰以客户服务为先的团队成员。
- 月度最突出贡献奖：表彰当月对团队贡献最大的成员。

这些奖项虽然不涉及奖金，也不太正式，但我们每周、每月都会评选。你可能会问，没有金钱激励，大家还会有动力吗？事实证明是有的。我们团队里有个小伙子获奖后高兴了好久。我开玩笑说："这又不能换钱，高兴什么？"他回答说："那也高兴啊，从小到大都没拿过奖。"

许多人喜欢玩游戏，因为游戏能即时反馈，玩家付出就能立即看到结果。团队内的激励也应该如此。我们要将管理游戏化，经常给予正面激励。当然，涉及奖金的绩效考核也很重要，但日常工作中的小激励同样不可忽视。

说了这么多，你会发现很多内容都是宏观层面的，涉及制度和文化问题。但仅仅喊口号是不够的，激活团队、打造文化需要关注许多琐碎的事物，频繁的行动很重要。

以彩食鲜为例，之前，我们要求团队成员每天打卡。但打卡结果不与奖金挂钩，不需要补考勤，没有罚款，管理者也不会仅因迟到就批评团队成员。简而言之，打卡只是记录数据。

那么，为什么要打卡呢？首先，这个行为能培养团队成员的时间意识；其次，当团队的产出和工作态度出现问题时，打卡数据可作为参考信息。例如，如果项目不断延期，而某人还经常迟到早退，这种情况就值得重点关注——是家庭有特殊情况，还是心态需要调整？如果项目进展顺利，而某人总是准时下班，这可能表明他的能力已超过公司当前的要求，应该给予更具挑战性的任务以促进成长。

值得一提的是，基于"管理是为了不管"的理念，从 2022 年开始，团队就已经不再要求打卡，而且不鼓励加班。这体现了团队逐步走向自我管理、自我驱动的成熟状态。

诸如此类，文化和激励往往体现在这些琐碎的细节中。如果长期忽视，就可能引发连锁的负面反应。至于激励是否要与金钱挂钩，这个界限比较模糊，需要根据实际情况决定。采用金钱激励时，我更倾向于根据业务价值确定激励数额：业务增长时，大家共享成果；业务停滞时，大家就要共同努力。这样激励团队，最终的结果是什么？是团队始终将实现业务目标放在心上。

▶ 成长寄语

至此，我们已经完成了关于激发团队活力的讨论，同时也为你梳理了管理者最重要的三个任务。你可能会问："老乔，接下来该做什么？"答案很简单："打仗"。

优化组织架构、提升协同效率、激发团队活力——这些准备工作完成后，就是带领团队"上战场"的时候了。我们要实现业务增长，让 IT 能力建设的飞轮转起来。要让"赢"成为团队的习惯，因为有时候，一场胜仗比任何管理方法都更有效。

如果你觉得意犹未尽，别担心，我们将继续深入探讨技术管理者的必备素质。在阅读过程中，你可以思考：哪些是贯穿全篇的核心理念？哪些更偏向于需要具体情况具体分析的认知？

▶ 本课成长笔记

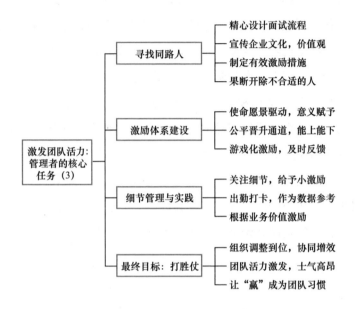

最聪明的管理者会将原则性和同理心辩证统一地结合在一起，时刻让团队成员认清现实，看见方向。

只有真诚才能建立信任，这看似简单的方法往往是最有效的。

管理的人性智慧：
严厉与仁慈的平衡技术

在这一课，我们将视角下移，近距离观察体系内工作的团队成员，思考管理者如何在细节中展现领导力。正如稻盛和夫所言："一切管理问题，归根结底都是人的问题。"那么，我们该如何解决人的问题呢？我的思考是：除了系统化的措施外，管理在很多情况下也是一门关乎人性的哲学。管理者要学会在原则性与同理心之间寻求平衡，这是突破管理困境的关键。

▶ 金刚之怒，菩萨慈悲

在管理上，"金刚之怒"和"菩萨慈悲"象征着管理的两面性。

图 10-1 展示了在管理中，我们常常需要在坚持原则和展现同理心之间寻求平衡，这就好比佛教中象征守护正法的"金刚之怒"和象征慈悲为怀的"菩萨慈悲"。这里借用这两个形象的对比，并非宣扬宗教理念，而是为了更生动地阐释管理者如何在原则

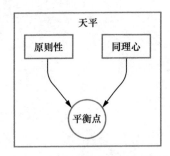

图 10-1　在坚持原则和展现同理心之间寻求平衡

性和同理心之间找到平衡点。"金刚之怒"在此比喻的是管理者维护规章制度、坚守原则的立场，而"菩萨慈悲"比喻的是管理者对员工的理解、关怀和包容。正如寺庙中金刚与菩萨和谐共存，管理者也需要将原则性与同理心融会贯通，才能有效地领导团队。

这或许是因为在系统化的管理方法中，许多细节可能显得有些"冷酷"。例如：在办公室吵架，开除；工作中遇到委屈却不沟通、不解决，而是一味抱怨，开除；生产中出现问题时隐瞒不报，开除；等等。

乍看之下，这些措施似乎都体现了"金刚之怒"，动辄就要开除员工。但仔细思考，这些规定真的冷酷吗？其实不然。用沟通代替吵架和抱怨、用求助代替隐瞒，这些并不难做到，往往只是一念之差。当我向员工宣布这些规定时，我深知只要大家愿意，一定能做到。如果有人不愿遵守，那可能意味着他不太适合这个团队，不是我们的同路人。

我们的终极目标是确保组织的成功，让留在公司这艘"大船"上的人都能受益。在我看来，这才是真正为员工着想。**真正"冷酷"的行为是：察觉到组织氛围恶化的迹象却不及时制止；发现个别员工影响组织成功却不及时沟通。**这样做的结果往往是优秀员工忍无可忍而离职，组织随之崩溃，公司倒闭，所有人都遭殃。这才是真正的冷酷。

有朋友问我："老乔，都说慈不掌兵，但我性格比较和善，是不是不适合做管理者？"我的看法是：和善并不意味着放任不管，严厉也不等同于缺乏人情味。"金刚之怒"和"菩萨慈悲"并不矛盾。最近，我就经历了两次实践，遇到了两类典型案例，现在正好与你一起复盘一下。

▼ 案例一：如何与员工沟通加薪问题

最近，一位团队核心骨干来办公室找我要求加薪。仔细听完他的诉求后，我严厉地批评了他。原因何在？因为他说了这样一句话："我知道周围很多人工资都比我高。"我直接指出："这是严重违规行为！公司明文规定不允许互相打听薪资，你为什么不遵守呢？"

这一幕正是"金刚之怒"的体现：公司规定必须严格执行，尤其是那些影响他人和公司文化的规定。

然而，我接着说："不过客观来讲，你的薪资确实偏低。"这是事实，即便他不提，这次调薪我也会考虑他。他薪资偏低有其历史原因，他在上一家公司时薪资就不高，来到彩食鲜后，薪资也没有大幅上涨。我解释道："当下你薪资低是因为你的起点低，这是过去你所做的选择的结果，你需要对自己的选择负责。但未来你的薪资会上涨，因为你在持续为团队创造价值。两三年后，你的薪资可能就能达到你的期望了。"

听完我的解释，他认同了这个观点，表示即使不涨薪也愿意留在团队，因为能获得成长。后来，他还询问 HR 能否把家人内推到公司。就这样，问题圆满解决了。

这后半段对话体现了"菩萨慈悲"的一面。

图 10-2 展示了这个要求加薪的案例全貌。所谓原则性，指的是严格遵守规章制度，为团队划定界限；而同理心则是指管理者设身处地理解员工处境，真诚为他们着想。

图 10-2　一个要求加薪的案例

作为高级管理者，我们对员工情绪的感知能力往往较弱，很多问题在我们眼中可能只是数字。但对员工而言，情况可能非常急迫。员工的心理状态时刻在变化，管理者需要学会理解员工，站在他们的角度思考问题。

面对加薪诉求，管理者确实容易感到为难，但还有更大的挑战等着我们。正如第 9 课所说，团队领导者要能上能下。如果升职后就不再降职，团队如何保持活力、如何应对挑战？然而，给员工升职容易，降职难。如何处理绩效欠佳的员工，如何沟通降职问题？这些都与"金刚之怒，菩萨慈悲"的管理哲学密切相关。

▶ 案例二：如何处理员工的绩效和降职问题

在彩食鲜，KPI 和 OKR 系统中的数字并不直接决定你的绩效和薪资水平。有些同事为团队付出很多，为业务做出重大牺牲，尽管他们的 OKR 看似平平无奇，但实际贡献颇丰。因此，每季度末我们会举行一次述职会，由其他人现场共同评分，确保公开透明。评分项目涵盖团队价值贡献、产品能力提升等多个维度。表现出色者绩效自然优秀，反之亦然。

你可能会问，这不是要迫使技术人员变成能说会道的人吗？其实不然。首先，即便是技术人员，也应重视语言表达能力，这对团队协作和职位晋升大有裨益。在第 7 课中，我们提到团队领导者的必备能力之一就是汇报能力。其次，很多时候，表面上是表述不清，实则是思路不清。因此，这种绩效考评机制相对公平。

然而，无论多么公开透明，绩效考核总会有优有劣，有人居首，也有人垫底。绩效得分较低的团队成员往往难以接受这个结果。

一个多月前，在我们 Q3 的述职会上，评分最低的小分队领导者面临降级。他心有不甘，认为自己付出良多，为组织创造了巨大价值，不应得此结果。

于是，我在述职现场当众与他坦诚交流:

"第一，在众多同事公开评分的情况下，你排名最后，这是不争的事实，需要正视。

"第二，表达能力至关重要，需要不断锻炼。你的 PPT 质量欠佳，若仅凭 PPT 和汇报内容打分，你的得分可能更低。正是因为大家了解你平日的表现，才有了现在的分数。

"第三，你在团队管理方面得分偏低，原因何在？你虽是专业的产品经理，但许多管理工作未能到位。即便是团队内部发生争执，你也未能及时介入调解。既然身居管理岗位，就必须肩负相应责任，为团队的所有问题负责。"

这三点，他表示认可。

其实，许多看似棘手、令人尴尬的管理问题，都可以通过这种方式化解。但仅此还不够，这只完成了"金刚之怒"的部分。一个人表面上可能会同意，内心却未必服气，时间一长，容易在心底留下芥蒂。

我接着对大家说："虽然他评分垫底，但过去 3 个月他进步显著，而且薪资偏低。所以，即便今天他被降职，我仍会给他加薪。"

我坦率地告诉大家，按评分他应该降级。但目前我没有更合适的领导者人选，所以决定给他重新提拔的机会，让他继续学习和成长。最后，我对这位小分队领导者说："你应该心存感激。5 月，团队给了你上升的机会。你并非没做好，只是在同一赛道中相对较弱。我认为你确实进步很大，这次机会你一定要好好把握。"

图 10-3 展示了这个处理降职的案例的全貌。先降职，后提拔，前者体现了原则性，后者展现了同理心。整个过程中，我没有说一句假话，给出的全是最真诚的评价。我也深知他很努力，只是需要更多时间。

图 10-3　一个处理降职的案例

当然，无论是"金刚之怒"还是"菩萨慈悲"，都不应成为滥用管理权力的借口。**批评下属时，越严厉的批评越应在私密场合进行，切忌人身攻击。公开批评时，必须有明确目的，谨慎为之。**作为管理者，要恪守规则，你的权力不是用来"威逼利诱"下属，而是激励大家与你一起遵守公司规章的。

▌ 原则性与同理心，相辅相成

前面，我们讲了两个真实发生在公司内、由我亲手解决的案例。我相信，你很容易就能体会到这套管理哲学的含义，甚至在进入这一课前，就已经接触过类似的理论了——这并非什么新奇的概念。但在这两个案例中，都有一个比较隐蔽的细节，不知你是否注意到：原则性和同理心往往是同时出现的。

比如在第一个案例中，我批评那名员工违规打听薪资，随后就提出要给他涨薪；在第二个案例中，我指出那名小分队领导者绩效倒数第一的原因，但随后就让他"官复原职"。尤其是在最近几年，我越发深刻地认识到，既要坚持原则，维护公司制度的权威性，又要对员工展现同理心，给予充分的理解和支持，才能有效激发团队的积极性和创造力。

有一部分管理者天生脾气好，只有和善没有严厉，只有夸奖没有批评。一段时间后，员工开始变得飘飘然，无法接受任何岗位和薪资调整。其实这就叫作"捧杀"，管理者间接害了员工，断绝了员工的成长道路。还有一部分管理者自己有压力，脾气暴躁，不尊重员工，对员工没有帮助、没有指导，功绩自己来拿，问题下属来背，团队的士气怎么可能好？

我经常对团队成员讲的一句话是："你们所有的问题都是我的问题，你们所有的功劳都是你们的功劳。"那有了这一认知后怎么做呢？功劳都让下属拿，问题最终都由自己扛。你说，随着时间的推移，我还会发愁如何与团队建立信任感吗？你想想，这个时候，原则性是不是就有了根基？

夸奖员工的时候，要指出员工可以继续提高和成长的方向；批评员工的时候，也要肯定他的努力和做得好的部分。这样员工才能找到平衡，不断成长。所以，最聪明的管理者会将原则性和同理心辩证统一地结合在一起，时刻让团队成员认清现实，看见方向。

▍成长寄语

这一课，我们探讨了管理的人性哲学。在实践时，还有一点需要特别注意：**管理者的管理风格与个人形象密切相关**。例如，我在团队中的形象是有主见、有权威的管理者（至少我是这么认为的），因此我的沟通和措施很少受到团队成员公开、强硬的质疑或挑战。但如果你给人的印象是脾气很好、非常民主的管理者，在运用我的一些管理方法时，可能就需要做出相应调整。

在他人心目中，管理者的个人形象往往带有强烈的先入为主的色彩。如果早期表现得比较和善，后期想变得威严一些，通常会比较困难。当然，每个人的形象和风格都有所不同，没有绝对的好坏之分。最重要的是要适合当前的团队氛围，能够产生实际效果，促进团队成长和业务发展。图10-4展示了不同管理风格与个人形象的匹配关系。

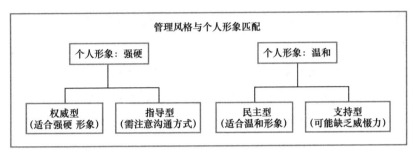

图 10-4　管理风格与个人形象匹配

　　"金刚之怒"代表原则性，"菩萨慈悲"体现同理心，这是管理者的两面性。管理者要结合这两者，从建立信任出发，通过持续的行动赢得团队信任，最终打造一支高绩效、战斗力强的队伍！

　　尽管我们讨论了许多关于人性的哲学，但我始终认为，一个人**最可贵的品质是真诚**。在前面的两个案例中，我也强调，虽然对当事人既有批评也有表扬，但每一句话都发自内心，绝无虚假。每个人都有优点，关键在于管理者要慧眼识珠。你要真正去理解他、体谅他，为他着想。相信员工很聪明，相信周围的人比自己聪明，基于这种认知去行事。只有真诚才能建立信任，这看似简单的方法往往是最有效的。

▶ 本课成长笔记

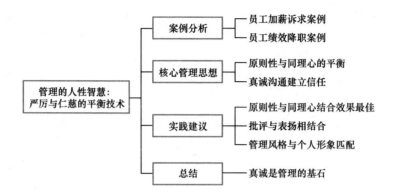

真正的向上管理，是培养全局思维，提升自己的思维层次。

迭代意味着承认不完美。

11

全局思维：
管理者的制胜法宝

在技术管理领域，有一个很特别的现象，不知道你有没有注意到：许多管理者在面对团队成员的争吵时，往往选择冷处理或和稀泥，有些人甚至直接沉默，完全忽视这种状况。但你应该知道，从管理理论来说，管理者本该介入争吵并及时调停——否则团队士气和协作必然受损。

为什么会出现这种情况呢？原因可能有很多，但最主要的，可能是缺乏全局思维。这个问题不仅存在于争吵双方，还体现在不作为的管理者身上。争吵往往是相似的：双方各执己见，互不相让。管理者担心自己介入会影响任何一方的积极性，于是左右为难，最终选择置之不理。

其实，缺乏全局思维必然会经常面临这样的决策难题。就像"盲人摸象"这个成语所说的：几个盲人通过触摸来描述大象的形象。摸到象牙的说像长棍，摸到象腿的说像大树，摸到象肚的说像墙……从个人角度看，他们都没错；但从全局来看，每个人都可能错了。很多管理层面的问题，都可以用"盲人摸象"来形容，道理极其相似。团队成员的争吵，只是缺乏全局思维导致的众多问题之一。

2019 年在环球易购时，我就经历过这样一件事。

▶ 高可用设计或许是个"伪命题"

在环球易购，我们主要做跨境电子商务，服务遍布多个国家和地区。其中有一条线路是通过光缆连接美国达拉斯和中国深圳的机房。我去了没多久，在检查基础设施的高可用建设时，发现光缆只有一条——这明显不符合高可用设计的思想，因为光缆可能被挖断，底层基础传输网络的抗风险能力较差。

作为技术管理者，发现风险自然要想办法解决。但着手解决时，相关业务部门却不愿为新增光缆付费，说目前部门压力大，无法承担这笔费用。听到这种说法，我带领的团队很是不屑——"什么压力大，他们根本不懂什么是高可用"。

于是出现了一个典型的问题场景：技术人员在想"明明有隐患，不想着补救，出问题时可别找我"；业务部门则想"业务压力这么大，你还纠结什么架构设计，什么都不懂"。站在各自的角度，双方说的都对，这个问题场景出现的根源在于大家看问题的视角不够高，缺乏全局思维。

我对团队说，首先要学着理解业务部门，然后分析对企业而言单光缆设计的实际风险。经过研究，我们发现这条光缆的问题不会影响C端业务，只会影响后台统计分析。

接着，我们根据过往经验分析：如果光缆被挖断，相关业务会中断多久，影响范围有多大？

最后，技术团队整理总结调研结果，与业务部门坐下来商讨，得出结论：光缆被挖断的业务影响在可接受范围内，考虑公司实际情况，暂不增加备用光缆。到我离开环球易购时，这条线路仍然只有一根光缆。

图 11-1 以环球易购的案例为例，展示了在发现单光缆连接问题后，我是如何进行风险评估和业务影响评估，并最终决定是否增加备用光缆的。

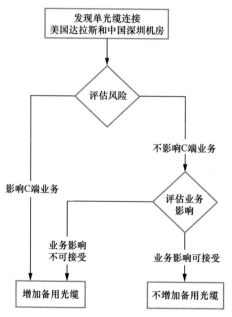

图 11-1　案例分析：环球易购高可用设计

虽然光缆确实被挖断过，但无论是 IT 部门还是业务部门，都能接受这个结果，没有争执和推诿。因为"暂不增加备用光缆"是站在全局视角，大家共同研讨得出的结论，虽有利弊，但都在预估范围内。

你看，我们在技术会议上经常探讨高可用、高并发的架构设计，但在实际工作中，这类设计不一定能实现，甚至在当下对公司来说也不一定最合理。类似的问题在中台建设中也很常见。

"中台"是近年来的一个热门话题。很多技术管理者好不容易理解了中台概念，觉得这个设计思想很棒，想要立刻实施。但业务部门往往不愿意配合："你说要做中台，说来说去不就是优化架构吗？我们这个月的 KPI 都完不成了，还要支持你做一个半年看不到效果的中台？"于是，技术管理者心里憋屈，觉得这算什么技术驱动型科技公司，该公司毫无长远眼光，自己待在这里简直是浪费青春。

其实要不要做中台正是个全局思维的问题。我们需要回答的，不是中台在架构层面有什么优势，而是以半年以上的时间尺度看，中台能为企业带来多少营收增长，实现怎样的业务发展。如果能说清楚这一点，业务部门就更容易接受，因为大家既要考虑短期增长，也要追求长期发展。如果说不清楚，做了中台也是白做，说明管理者自己都没想明白做中台对企业的好处。这就是为什么我在前面几课里一直强调：研发团队要有业务思维，业务团队也要接受技术指标考核。这样做的重要原因，就是要赋予双方更高维度的视角，培养大家的全局思维。

▼ 向上管理，站在更高维度思考问题

当然，以上我们说的全局思维，主要是站在更高维度，将技术视角和业务视角统一起来，学会用业务增长的思维看待技术建设。但全局思维并不仅限于此。

很多人害怕回答老板的问题，不敢与老板对话，原因是什么？因为相比老板，他们缺乏全局思维，格局不够大，面对老板的提问时，常常感到措手不及。这种差异在各个职级都有所体现。在同一家企业

内，CTO 的全局思维通常强于技术总监，技术总监强于技术经理，技术经理又强于普通程序员。造成这种差异的原因，一方面是信息不对称，另一方面是思维本身的区别。举个例子，许多企业虽然推行"公开透明"的文化，但基层员工与高层管理者在思维层次上仍有很大差距。为什么会这样？因为从上到下，缺乏培养全局思维的意识。

在周会上，当下属汇报工作时，我经常这样回应："你说的都对，但这个有什么用？产品是什么，用户是谁？这么做对用户有什么好处，对公司有什么益处？"

请注意，我不是在质疑或否定下属，而是在引导下属站在全局视角思考。这里我引导下属采用的是自上而下的思考模式。很多读者可能会问："乔老师，能不能讲讲向上管理？"向上管理恰恰相反，采用的是自下而上的思考模式。

很多 CEO 都不喜欢"向上管理"这个词。一是它听起来让人不舒服，像是在沟通中掺杂了心机和花样；二是在很多 CEO 眼里，"向上管理"是个伪命题：是 CEO 真的需要被管理，还是下属自以为比 CEO 更明智？听起来是不是很熟悉？对，这和下属之间吵架有一个共同的逻辑：双方都没错，只是视角局限在自己这一侧。

因此，向上管理并不像很多新媒体文章说的那样：说话先赞同再反对、刻意和老板培养感情等。这些虽然可以做，但都只是锦上添花的沟通技巧，不算真正的向上管理。真正的向上管理，是培养全局思维，提升自己的思维层次，与老板站在同一维度看待问题，同时保持密切、顺畅的沟通。否则，你的所思所想与老板根本不在一个频道上，又如何"向上管理"？时间长了，老板只会觉得你自以为是、恃才傲物。图 11-2 展示了程序员和不同层级管理者关注的重点，程序员向上沟通时，需要具备相应的全局思维高度。

图 11-2　程序员和不同层级管理者关注的重点

那么如何培养全局思维呢？说起来并不难，主要是从两个维度重新思考问题：时间维度和空间维度。图 11-3 展示了培养全局思维的这两个维度。

- 从时间维度思考问题，是指不要只看当下得失，要学会站在更长远的角度（未来六个月、一年甚至三年）来看得失。很多难以决断的问题，只要用更长远的眼光去看，就会迎刃而解。

- 从空间维度思考问题，则是指不要局限于自己的视角，要善于换位思考。比如技术人员要思考：业务部门会如何看这个问题？财务部门呢？用户又会如何？这是一种空间上的视角转换。

你可能会想：听起来很简单，但要从不同角度思考这么多遍，太累了。其实，这就是思维和认知能力养成的特点：说起来不复杂，做起来却需要极大的毅力和耐心。本书第一部分讲到的大部分认知能力都有这样的特点。但与第一部分的许多与个人成长相关的认知不同，全局思维属于团队管理方面的认知：管理者不仅自己要具备全局思维，还要让团队成员也具备这种思维。如何让团队成员具备这种难以养成的认知呢？需要建立并持续完善体系，让团队成员持续成长。可以说，没有持续完善体系，团队成员就不可能具备全局思维。

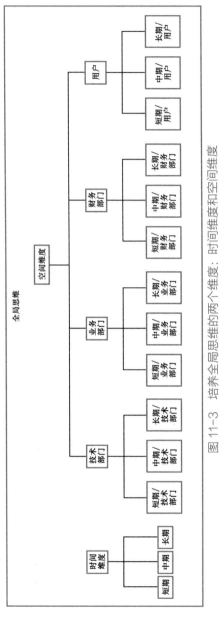

图11-3 培养全局思维的两个维度：时间维度和空间维度

▼CTO 也可能犯错

在帮助团队成员养成全局思维时，你可能会感到头疼。因为有时团队成员不理解、不接受，甚至表现得很偏执，让人恨不得在心里抱怨。这时，你要提醒自己：既然大家都通过了公司面试，就说明大家都具备基础能力，没人是真正的傻瓜。团队成员是能进步的，要给他们成长的时间。其实本书一直在强调这一点。很多管理者表面上支持"试错容错"的文化，但骨子里从未期望过团队成员会成长。连 CTO 都会犯错，何况是普通员工呢？不给大家留出成长的时间和空间，又怎能带领团队打胜仗？

2015 年底到 2016 年初，我在苏宁工作时，带领团队做容器编排的技术选型。当时有两个选择：Swarm 和 Kubernetes。我们确实努力从全局视角思考了：Swarm 架构简单，作为 Docker 内嵌模块，部署运维成本低，有利于降本提效；它是 Docker 的原生编排工具，支持度好，容器启动速度快。相比之下，Kubernetes 当时的表现不够理想。所以我们选择了 Swarm 做容器编排。

结果不到一年，我就发现这是个错误决策。Kubernetes 后续的成长速度惊人。我随即召集团队，承认了这个失误并立刻调整。后来复盘时发现，我们在选型时忽略了一个关键因素："大厂"的支持能力。如果再进行类似的选型工作，我一定会将这个因素作为考量的要点。

回到全局思维这个话题，犯错其实很正常，即便是 CTO 也不例外。犯错也有助于得出正确的结论，帮助我们一步步掌握以全局视角思考问题的方式。就像我们常做的 A/B 测试，排除不够好的方案本就是体系建立的一部分。所以，当你实践这一课的认知时，遇到不耐烦、不如意的时刻，一定要提醒自己：不要急，这很正常，这些都只是成长海洋中的一朵小浪花，但也是建立持续完善体系的必经之路。

图 11-4 以苏宁容器编排技术选型的案例，展示了如何在架构简单性、部署成本、Docker 支持以及 Kubernetes 优势之间进行权衡，最终做出合适的技术选择。

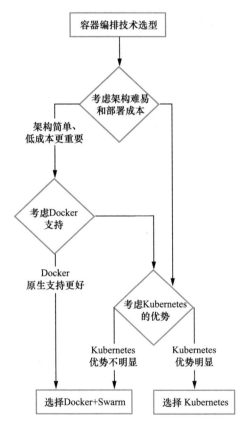

图 11-4 案例分析：苏宁容器编排技术选型

▼ 成长寄语

　　这一课，我们重点探讨了管理维度的全局思维和持续完善体系的建立。这是一个不断迭代的过程。一个团队就如同一个人，培养团队成员的格局、快速学习和持续迭代的能力，是管理者的重要职责。迭代意味着承认不完美，要在全局视角下具备纠错能力，通过更短的周期、更快的速度持续完善，让团队能力随时间不断提升。

　　我曾问一些 CEO 他们在管理上最大的失误是什么，很多人想了半天说不上来。这并非因为他们从未犯错，而是因为在他们看来，试错和迭代都是正常流程。问题在迭代过程中得到解决，本就是规划之内的情况，又怎能称之为失误？你不妨思考：自己与这些 CEO 是否存在认知差距？你能否以相同的心态看待自己的成长？我相信，拥有全局思维，你一定能实现快速成长。或许现在，或许将来，你也会成为那个"没犯过错"的 CEO。

▼ 本课成长笔记

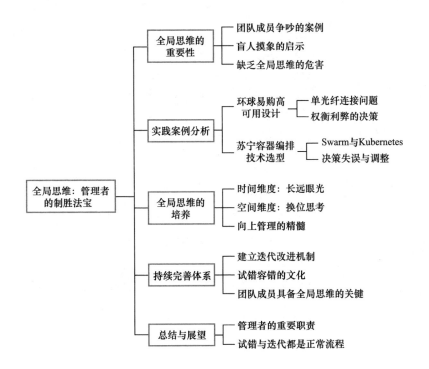

"

没有舍弃就没有真正的聚焦；有所舍弃才会有所收获。

要做到舍九取一——只有舍弃掉 90% 的干扰事项，才能真正聚焦那 10% 的核心任务。

"

12

聚焦与取舍：
管理者的战略思维

在第 11 课，我们讨论了全局思维和持续完善体系的构建，目的是拔高视角，赋能整个团队。但随之而来的问题是：视角拔高后，看到的问题和需要做的工作也随之增多，该怎么办？你可能会想："做啊，这是成长的机会！"这种心态很好。但我们要认识到，管理者不是超人，很难同时在多个富有挑战的任务上都实现突破。如果不区分工作重点，就可能引发连锁反应：好一点的情况是，你虽然完成了所有任务，却很累，而且所有任务都缺乏亮点和突破；坏一点的情况是，你高估了自己的执行能力，导致多个任务严重延期，不仅产生了协作问题，还影响自身心态。

你可能会想："那我还是不要主动揽活儿了吧？"当然不是这样。我认为，对于那些极有价值、紧急且有挑战性的任务，如果发现了就该主动接下。但接任务的同时，要学会聚焦——在企业战略上聚焦、在管理工作上聚焦、在个人成长上聚焦，先实现单点突破，再横向扩展。用直白的话说，就是"伤其十指不如断其一指"，越是宏大的目标，越要循序渐进。

比如说，本书讲到这里已经超过 10 课，单是管理者的基本任务就有"三板斧"之多。你学了之后，要如何实践呢？答案是一步一步来，像"吃饭"一样，细嚼慢咽。在特定时期内，只将注意力聚焦在其中一个板块上。这一点对初级管理者尤其重要。以前，我们常常只在讨论企业战略时谈聚焦，就像阿里巴巴集团学术委员会主席曾鸣说的："战略，说白了非常简单，就是决定一个企业该做什么，不该做什么。"但本质上，无论是对普通程序员还是初级、中级管理者而言，聚焦都至关重要。在我刚毕业时，我就切实体会到了"聚焦"带来的益处。

▼ 个人成长中的聚焦思维

刚毕业时，我在神州数码做一名普通程序员，后来跳槽至麒麟远创，薪资涨到了原来的 2.5 倍。你可能会疑惑为什么我工作不到两年就能在第一次跳槽时实现薪资增长到原来的 2.5 倍。回顾个人成长历程，我认为最重要的原因是：我在不经意间实现了个人成长的战略聚焦。

在神州数码期间，我一直负责工作流引擎的研发工作。到离职时，我在团队中已经有了明确的标签："工作流引擎方向的技术专家"。要知道，一个程序员可以有很多标签，比如：Java 专家、架构专家、算法专家、存储专家……但那时我只专注一个：工作流引擎专家。这就是聚焦的力量。麒麟远创愿意给我 2.5 倍的薪资，正是因为我能胜任与工作流引擎相关的重要岗位。这成为我职业发展的突破点。

正如我常对我的读者说的，要做"T"形人才——先在某个方向成为专家，广度是建立在深度的基础上的。如果在神州数码时，我东学学存储、西学学算法，怎么可能这么快就有突破？很多人什么都学，没有明确的目标和方向。这种求知欲值得赞赏，但时间毕竟有限，每项技能能投入的时间都不多。

在当今知识大爆炸的时代，掌握基础技能并不难。我有信心在3个月内精通一门编程语言。而且，和我学习能力相当或更强的人不在少数。这意味着你花一年时间零散学习的 Java 知识，可能还不如别人专注投入3个月的学习成果。甚至有人工作三五年后，都不敢说自己是某门编程语言的专家。我越来越深刻地体会到：**社会不会青睐面面俱到却平庸的人，光环永远属于那些有突出优势和特长的人**。成长就是为了变得更优秀，而优秀的本质是：做同样的事情，能比别人做得更好。

有一位朋友的例子很能说明问题：他在创业公司做过技术总监，但在"大厂"却连高级技术专家的职称都拿不到。原因很简单：在分布式、数据库和团队管理等领域，他都是浅尝辄止，一遇到技术难题，就束手无策——因为从未深入研究过。值得注意的是，他并非不努力，他每天都在加班，只是缺乏聚焦。这个例子说明，聚焦不仅影响成长速度，还决定成长质量。

图 12-1 表明，个人成长需要聚焦，将分散的学习精力集中到核心领域，最终才能取得突破。

在程序员阶段，我们特别需要在个人成长中贯彻聚焦思维。此时你的主要任务是"Do"，即执行公司分配的工作，尚不涉及管理工作和企业战略。因此，我们主要将聚焦思维应用在个人成长上，比如用两周时间提升代码的优雅性和整洁度。聚焦的关键在于"有目标"——用目标引导学习，明确学习重点。找准重点后，就要在这一领域精进。目标可以很小，但只要你持之以恒，优秀就会成为习惯。当积累到一定程度，实现更宏大的目标自然水到渠成。

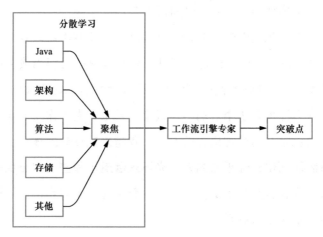

图 12-1　案例分析：个人成长与聚焦的关系

▼ 初级、中级管理者聚焦双线成长

作为初级、中级管理者，你的主要任务变成了"Manage"，即协调团队完成任务。虽然如此，但许多处于这一阶段的管理者并未脱离一线工作（我也不建议过早脱离一线技术工作）。这类管理者可能会问："乔老师，我该聚焦个人成长，还是聚焦管理工作呢？我的技术还不够强，能直接聚焦管理工作吗？"

如果出现这样的疑问，那说明可能你的技术实力还不够——需要两手都抓。当初我决定走管理路线时，对自己的技术实力有很大信心。这种技术实力和自信，后来为我的管理工作提供了强大支撑。事实上，越往高处走，越能体会到技术实力的价值。因此，建议刚成为管理者的人都投入一定精力追求双线发展。

技术与管理双线成长确实会倍感辛苦，但换个角度看，这是难得的成长机会。要加速成长，就必须付出比他人更多的努力。世上没有轻松的道路，如果一切都太过顺遂，反而可能为未来埋下隐患。技术与管理双线发展，正如图 12-2 所示，是从程序员阶段逐步进阶到高级管理者的关键路径。

图 12-2　技术与管理双线发展是进阶到高级管理者的关键路径

那么，技术实力要达到什么程度，才能安心聚焦管理工作呢？我认为，当你的技术实力足以指导团队进行技术选型和决策时，你就可以开始聚焦管理工作了。但具体时机还需要你根据团队实际情况来判断。在打好技术基础后，不要急于聚焦管理工作，先问问自己：你真的想做管理吗？

在 IBM，我曾向公司申请走纯技术路线，也为此付出了很多努力，成为了 IBM 认证架构师以及全球技术学院的成员。促使我转向管理岗位的直接原因是，我意识到有许多工作只能靠团队的力量实现，个人能力再强大也无济于事。我认为，管理的价值会随着团队规模的扩大而增加，甚至会超过大部分技术专家的价值。但这毕竟是我的想法，你还是要慎重考虑。

如果你已经深入思考过这些问题，那么恭喜你，可以开始聚焦管理工作了。试着思考管理的价值所在，让你的技术实力成为做技术选型和决策的重要支撑。如果没有头绪，可以按照第 7 课到第 9 课分享的内容，一步步落实管理"三板斧"。比如，先聚焦优化组织架构，把组织建设做好。图 12-3 显示了管理"三板斧"（优化组织架构、提升协同效率和激发团队活力）是组织取得成功的基石。

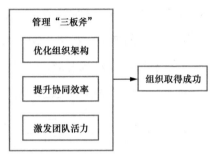

图 12-3　管理"三板斧"与组织取得成功的关系

你可能会说："老乔，我的团队只有 5 个人，怎么聚焦优化组织架构啊？你讲的那些我都用不上。"其实我们讲的许多管理内容与团队规模关系不大。如果团队只有 5 个人，影响了团队目标的实现，你可以跟直属领导说清楚，你负责的技术或业务要实现什么目标，理想状态下需要多少人。

我在 2020 年三季度末开始接手彩食鲜的 BBC（Business-to-Business-to-Consumer，企业对企业对消费者）业务。当时，BBC 部门人数较少，我接手后直接将编制调整到原来的两倍以上。为什么？因为我的业务目标是部门业绩季度环比增长 70%，人员编制是按业务目标来配置的。千万别觉得团队有多少人就承担多少工作量，没必要制定更高的目标，还为此调整人员编制。如果你是这么想的，建议重读上一课"全局思维：管理者的制胜法宝"，加深理解。

上述案例说的就是聚焦优化组织架构。当然，你还可以聚焦提升协同效率、激发团队活力或管理的人性哲学，只要合理就行。重点是要聚焦，实现突破，啃下了一块硬骨头，再去啃下一块。此外，对管理工作来说，聚焦的终极目标是组织取得成功，这是体系性问题。要学会在一定程度上忘记个人的辛苦和努力，因为那只能代表个人成长。

▼ 舍九取一，聚焦和放弃紧密相连

读到这里，你不妨思考一下：做好聚焦真的很难吗？我认为，只要认知到位，聚焦其实并不难。很多人都理解聚焦的概念和价值，但真正付诸实践的人却不多。因为真正困难的不是聚焦，而是舍弃。许多人会下意识地回避舍弃，总是期望在某段时间里既能聚焦重要工作，又不落下其他任务。但这几乎是不可能的。

我经常出席技术或管理会议，这些分享机会让我获益良多。在筹备每场演讲时，我都会高度聚焦，投入大量时间和精力。但也有不少技术管理者表示自己太忙了——加班、陪家人、聚会，没时间好好准备。结果就是：他们什么都想兼顾，反而导致演讲效果不理想，既浪费了时间，又没有收获。

所以，你一定要记住：没有舍弃就没有真正的聚焦；有所舍弃才会有所收获。我常说，要做到舍九取一——只有舍弃 90% 的干扰事项，才能真正聚焦那 10% 的核心任务，如图 12-4 所示。那么该聚

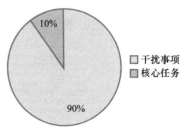

图 12-4 舍九取一

焦什么，舍弃什么，如何做出决策呢？这就要回到第 11 课所讲的内容：培养全局思维。只有看到全局，才能做好聚焦。看清问题全貌，是聚焦的重要前提。

▼ 成长寄语

这一课，我们探讨了聚焦的重要性和对舍与得的思考。不过，我们还没有谈到高级管理者如何在"Lead"这一主要任务中做好企业战略层面的聚焦。这是因为对高级管理者而言，聚焦必须与企业实际情况和产业趋势紧密结合。每家企业都有其独特性，因此不存在标准答案。

普通程序员和初级、中级管理者也需要灵活辩证地看待聚焦。

第一，聚焦并非随心所欲地选择发展方向。要思考企业当前最需要什么能力，行业中哪些能力最稀缺、最有市场价值。举个例子，如果公司需要具备 Golang 开发能力的人，而你花 3 个月去学习 Java，最后发现用不上，你做的努力就白费了。

第二，聚焦并不意味着可以回避其他任务和需求。该投入的时间和精力仍然要投入，只是要始终谨记：你是有明确目标的，是经过深思熟虑才做出聚焦选择的，要为此坚持努力。

▶ 本课成长笔记

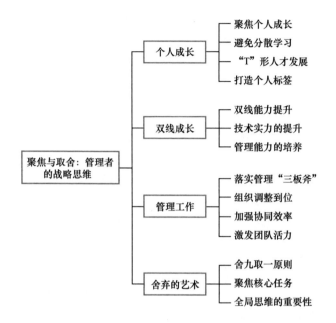

过分关注风险和完全忽视风险都是有害的。

管理的本质是运用正确的认知和专业的技能，在模糊
地带找到恰当的团队协作方案。

13

持续的风险控制：
在脆弱的世界中保持稳健

这一课，我想和你聊聊风险控制这个话题。世界其实非常脆弱。前段时间，我接到一个电话，得知一位原来公司的下属因车祸意外去世了。我和他关系很好，此时只能感叹生命无常。

我们做的每个决定都存在风险。这些风险可能会演变成真正的"险情"，也可能永远只是潜在的威胁，其后续发展完全是个概率性事件。但"墨菲定律"告诉我们：如果事情有变坏的可能，不管可能性多小，它总会变坏的。

刚加入苏宁时，我去评估各个系统的高可用方案，其中包括 UPS（Uninterruptible Power Supply，不间断电源）供电方案。提供服务的世界知名公司和数据中心团队多年前选择了"N+1"型保护策略——系统中任意一个 UPS 出现问题时，都不会影响业务运行。而我本想采用"2N"型保护策略，确保即使所有 UPS 同时出现问题，业务也不会中断。但团队成员说"N+1"型保护策略已经非常成熟，很多金融机构都在使用，多年来从未出现问题。当时因为对 UPS 方案不够了解，我就接受了这个建议。图 13-1 展示了这两种保护策略的区别。

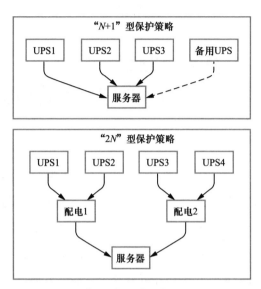

图 13-1 "N+1" 和 "$2N$" 型保护策略

结果怕什么来什么。有一天，"N+1" 型保护策略失效，一个机房断电了。为了确保业务连续性，我不得不连续熬了 3 个通宵。从那以后，我就下定决心：一定要做好调研、做好风险控制，绝不轻易接受自己不熟悉的方案。

如果你从事金融或架构工作，一定对这样的故事很熟悉。无论是金融业务还是架构设计，都特别重视系统风险。在技术层面，已经有很多成熟的风控方法和教学资源。但当我们回到管理层面，该如何做好风险控制呢？在与人打交道时，又该如何防范风险呢？让我们通过一个典型案例来探讨这个问题。

◤打卡，风险控制的一个缩影

在互联网行业，打卡制度呈现出有趣的多样性。有的公司执行严格的打卡制度（包括指纹打卡），迟到一次就扣 50 元；有的公司虽要求打卡，但对补签没有限制，管理较为宽松；有的公司完全不要求打卡，完全靠员工自觉，HR 还会在招聘启事中特意强调这一点。有的公司从无打卡制度逐渐转向严格的打卡制度；也有少数公司则相反，从严格的打卡制度逐渐走向无打卡制度。

大家的做法千差万别，但整体上可归纳为严格打卡、宽松打卡、无打卡 3 种打卡制度，如图 13-2 所示。那么，哪种制度更好？我猜你一定会说无打卡好，因为这样更有“互联网范儿”，能发挥员工的自驱力。但别急着下结论，让我们站在全局视角重新审视这个问题。

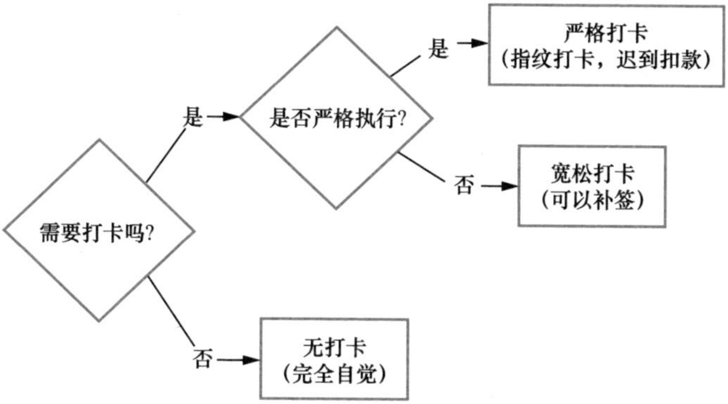

图 13-2 打卡制度的类型

对公司而言，打卡本质上是考勤。考勤就是考核出勤，是 CEO 确保全体员工遵守工作时间的手段。简单来说，就是 CEO 在想：既然按月发工资，你们至少要按时来上班吧……

其实，我们可以把思维提升到更高层面。为什么要按时上班？从目标和结果来看，这是为了确保团队有稳定的工作产出，即为组织的价值产出设定一个下限。虽然在相同的 8 小时工作时间里，每个人的产出都不尽相同，但无论能力强弱，每个人每天至少要工作 8 小时。长期来看，产出不合格的员工就培养，培养无效就淘汰；产出超出预期的员工就提拔，使其逐渐成为公司的重要成员。

从这个角度看，一些互联网公司的"加班文化""996 文化"其实是公司尝试提高组织价值产出下限的表现，公司想把全员每天至少 8 小时的产出"提升"到 12 小时的产出。

可见，打卡制度本质上是一个风险控制措施。如果公司的整体价值产出始终低于生产成本，公司就会倒闭，老板必须控制这个风险。

▼ 风险控制，在严格和放任之间寻找平衡

说到这儿，你可能就急了："老乔，看来你是支持'996'了！还找了个这么'清新脱俗'的借口。"

我得声明一下：我经常跟下属说，希望大家不要疯狂加班，要一张一弛，合理调节生活和工作节奏。2022 年之前，彩食鲜曾实行打卡制度，但打卡情况不与工资、绩效挂钩，对员工的实际利益没有任何影响。

要求全员每天打卡，打卡情况又不与工资、绩效挂钩，意义何在？答案是：打卡是为了收集数据，作为评估团队健康度的重要依据。

- 如果一个人准时下班，且产出优秀，这表明他的能力超出

当前岗位要求。他可能在等待成长机会，管理者要主动给予他发展空间。

- 如果一个人总是加班，产出优秀，说明他可能工作太饱和，或工作方法有问题，管理者需要关注。

- 如果一个人每天准时下班，工作产出还不理想，说明他业绩不好，还不够努力。这可能是因为他干得不开心，心态有些问题，直属领导需要找他谈谈。

- 如果一个人经常加班，产出却很差，管理者就需要与他深入沟通，找出问题所在。

图 13-3 展示了根据员工工作产出和工作时长，采取不同管理策略的示例，旨在强调管理的灵活性与针对性。

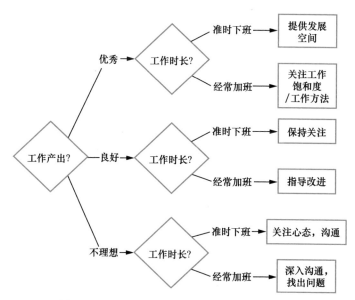

图 13-3　员工工作产出、工作时长与管理策略

你看，这样一来，团队是不是会更有活力？通过打卡数据，我们能评估团队的健康程度，长期监控团队健康度，及时进行灵活管理。然而，随着团队的成熟和互信的建立，打卡数据对评估团队健康度的价值逐渐降低，团队成员已展现出高度的自律性和责任感。因此，2022 年，彩食鲜取消了打卡制度。

风险控制的方式有两个极端：一种是事无巨细地管控，从指纹打卡到迟到扣钱、缺勤开除；另一种是放任自流，既不打卡也不管理，上班时间找不到人就发微信问问。这两种做法都不够理想。如图 13-4 所示，风险控制不宜一味严苛管控或放任，而是在两者之间找到一个平衡点，这正是彩食鲜所追求的策略。

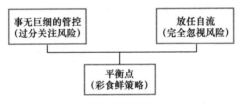

图 13-4　应寻找风险控制的平衡点

我一直强调要有全局思维，从公司的根本利益出发做决策，时刻自问：这样做能促进业务增长吗？管理的终极目标是实现"不用管"，而不是牢牢控制一切，这对业务未必有益。高层管理者应该为团队确立一个核心价值导向：我们重视并奖励那些自驱力强、具有主人翁意识、不需要过度管理的团队成员。

如果过分死板地执行打卡制度，就会与企业追求的高价值、高自驱力、高创造力等文化背道而驰，打卡制度会沦为一种令人厌烦的负担。团队成员会感受到领导的不信任，最终这可能导致团队充斥着听话但缺乏创造力的"老好人"，因为管理者通过行动传达了一个明确信号：准时打卡是首要任务，其他都是次要的。

完全不关注打卡的管理方式在小团队中或许可行，但随着团队规模扩大，问题就会显现：难以掌握团队的健康状况，无法评估人均投入产出比。这也是为什么一些"小而美"的团队最初充满信任，缺少风控手段，但一旦获得融资、扩大规模，就会迅速转变成管理严苛的"传统企业"，恨不得追踪员工的一举一动。

这两种极端做法都不可取。过分关注风险和完全忽视风险都是有害的，这反映出没有把握好风险控制的"度"。有人认为管理是"务虚"的，这种看法并不准确。管理的本质是运用正确的认知和专业的技能，在模糊地带找到恰当的团队协作方案。

▉ 高效的风险控制：从高层做起到全员参与

前面我们通过打卡考勤这个"小事"，讨论了管理层面的风险控制尺度问题。让我们回到彩食鲜的例子。彩食鲜的打卡制度尽管尺度把握得当，但执行起来很有挑战：管理者需要分析大量打卡数据和工作产出数据，还要一对一沟通。这样的风险控制工作量确实不小，这也说明了管理者确实很辛苦。

有趣的是，现实中，**最容易偷懒的往往不是基层员工，而是高层管理者**。基层员工的工作明确、具体，要接受多个层级的考核；而高层管理者的主要任务是 Lead 而非 Do、Manage，即解决战略问题。由于工作内容复杂、模糊，能接受的引导和考核又很有限，高层管理者"战略懒惰"的情况并不少见。许多企业的高层管理者每天都在做着中层管理者的工作，导致战略难题迟迟得不到解决，企业已经"退化"了，自己却还没意识到问题的严重性。

以打卡为例，管理者想偷懒很容易：严格执行打卡制度，一个季度迟到 10 次，绩效等级就为 B，15 次以上直接协商离职。这种依赖系统自动处理、用数字定绩效的方式看似省事，但最有效的风险控制应该从高层管理者开始。

风险控制可以自下而上，比如员工发现问题层层上报，经过经理、总监、CTO，最后由 CTO 和 CEO 开会解决。但自上而下的方式——由 CTO 提前评估风险并与 CEO 商议解决方案，显然更高效，对组织的伤害也更小。

高层管理者要经常自省：今天是否偷懒了？是否只顾着和中层管理者"抢"工作，却忽视了战略和全局问题？当然，普通员工或初级、中级管理者也不必因此抱怨高层管理者。正如我之前强调的：要有同理心、要有全局思维，理解每家企业在不同阶段都有其特定的难处。不仅高层管理者要对基层员工抱有同理心，基层员工同样要对高层管理者抱有同理心。

▶ 实际可操作的风险控制

基层也有行之有效的风险控制方法，这对个人成长很重要。项目立项时的三要素是：**目标清晰、责任到人、承诺到位**。这三要素是根据我的实战经验总结出来的，简单且实用。如果相关人员没能满足这些要求，风险就已经产生了。因此，风险控制需要持续不断地推进。

第一，目标清晰，就是要按照"SMART原则"将目标逐条写下来并公示。这个原则出自彼得·德鲁克（Peter Drucker）的《管理的实践》，包含5个要素：S（Specific，具体）、M（Measurable，可衡量）、A（Attainable，可实现）、R（Relevant，相关）、T（Time-bound，有时限）。

第二，责任到人，即每个目标都要明确对应的责任人。如果目标较大，涉及多个责任人，就要将所有责任人的名字写在文档中。排在第一位的人负责目标拆解和分派，同时承担最终责任——目标未达成要担责，达成了也会得到最大的功劳。比如，如果要将公司业绩的总体增长量确立为OKR中的一个O（目标），CEO的名字就应该排在责任人第一位。

第三，承诺到位，这在跨部门协作时尤其重要。很多项目虽然紧急，大家也都很忙，但不能还没得到协作部门的明确承诺就急匆匆地启动。

这三要素缺一不可，任何一个要素不具备都会导致项目存在重大管理隐患。当然，即使具备这3个要素，也不能完全保证项目不会出问题。

当遇到问题时，解决方案可以归纳为两个方向：向上求和向下求。 如图13-5所示，我们可以选择向上寻求高层系统性解决，或向下协调团队内部或跨团队资源来解决问题。

向上求是由高层系统性地解决问题，而向下求则是深入细节，协调好团队内部及跨团队的具体事务。向上求主要依靠高层，但向下求则有多个着力点。在每周例会中，我会询问各位领导："有什么需要我协助解决的问题吗？"同时，我们的制度明确规定如发现问题必须及时上报。如果发现未及时上报的情况，我会深入了解原因——是当时没有察觉到问题，还是其他原因。对于刻意隐瞒的情况，我们会严肃处理。这样的闭环确保了管理机制的有效运转。

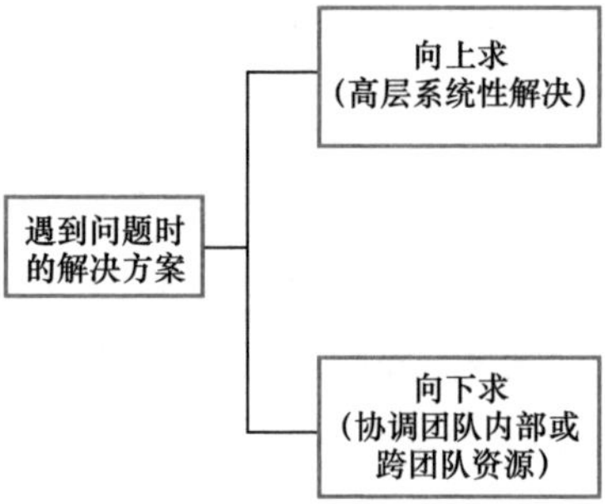

图 13-5　遇到问题时的解决方案

正如本课开头所说，风险的后续发展本质上是概率性事件。我们只能提高或降低风险转为真正“险情”的概率，但几乎不可能完全消除风险。一旦所有机房同时遭遇地震，即使架构设计再完善，你也将无能为力。我们需要有勇气接受一定程度的风险，因为追求零风险的代价过于高昂。这需要我们用辩证的思维来权衡，建议你认真思考这一点。

成长寄语

俗话说得好，人无远虑，必有近忧。技术人对高可用设计耳熟能详，因此对风险控制也多有接触。但恰恰是这些最熟悉的概念，往往最容易成为盲区，尤其是在管理领域。初次接触管理理论时，我们可能会觉得有些观点是矛盾的。比如，要做好管理层面的风险控制，我们需要以"假设每个人都可能出问题"为出发点。然而，就像前文讨论的打卡问题，风险控制又必须建立在信任的基础之上——我们实行打卡制度，却不将其与绩效直接挂钩。这是因为我相信团队中的每位成员都很聪明、很专业，值得信任，值得敞开心扉地沟通。

管理不能因噎废食，不能因个别成员的问题就否定所有人。如果仅仅出于不信任而不断增加管理措施，最终只会束缚公司发展。我要再次强调：管理的目的是不管。这是我在多年技术管理工作中领悟到的精髓。

当你面临矛盾或两难抉择时，这往往意味着每种选择在特定情况下都可能是正确的。这时你需要的是全局思维，你需要提升视角。从更高的维度来看，打卡的终极目的是保证稳定产出，激发团队成员的自驱力。明确了这一点，方案就容易制定了。

我经常告诉团队成员，我们的制度和措施都建立在互信基础上，但请大家也要珍惜这份信任。这种真诚沟通本身就是一种低成本的风险管理方式。

▼ 本课成长笔记

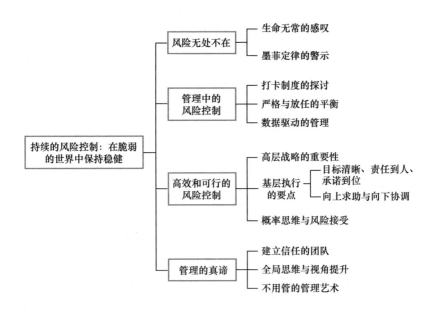

"

需求永远都实现不完，工作永远都做不完，这是个无
限游戏。

一个始终在处理紧急问题的管理者，不可能是优秀的
管理者，管理者不该是职业"救火队长"。

"

14

需求无止境：
认清现实与自我定位

第 11 ~ 13 课，我们讨论了技术管理者需要具备全局思维和做好战略聚焦。从 CTO 能力建设的角度来看，这两点确实至关重要。那么在实际工作中，我们该如何锻炼这些能力？全局思维和战略聚焦又如何帮助我们做好当下的工作？为此，我决定在接下来的两课中，邀请你一起深入探讨一个实际问题："需求实现不完，应该怎么办？"相信通过这次讨论，我们对管理的认知会更加丰富和深入。

▼ 需求永远都实现不完

最近几年，经常有人问我："老乔，你平时是不是特别忙？"其实我不怎么忙，也能空出时间思考公司业务。我相信，这个答案和很多人想的不一样。原因很简单，在当下的互联网"大厂"里，普通程序员就已经很忙了，更何况责任更重的管理者。再者，我平常总是提倡"高层不能战略懒惰""高层要以身作则"，按这个逻辑，岂不是一天都睡不了几个小时？

在某些成长阶段，有这种想法倒也不算错。比如，你刚刚成为技术经理、总监或 CTO，感到辛苦是很正常的，睡眠时间确实也会受到影响。但我必须要告诉你，对任何一名走管理路线的技术人来说，长期处于工作过度饱和的状态都是个危险信号。说得功利些，这会阻碍你的晋升。试想，如果你管理 100 人都不堪重负，又怎么能管理 1000 人、10000 人，并承担更多的决策任务呢？刚跨上新台阶，辛苦很正常；但如果在新岗位工作一段时间后还是很辛苦，就该好好反思自己的工作方法和认知了。

既然这种状态不正常，我们不妨分析一下，技术人到底在忙什么？对大部分管理者来说，忙碌的原因可以用一句话总结：需求太多，实现不完。程序员升任管理者后更是如此，因为除了要在一线完成项目，还要做好团队管理、团队建设，处理与部门相关的"杂事"。很多技术人本来还能耕耘好自己的"一亩三分地"，可自从负责整个团队的管理工作后，就很少睡过安稳觉。我猜，正在阅读这本书的你，可能也是如此；又或者，将来的你很可能会遇到类似的情况。

当需求实现不完时，该怎么办？首先，你要明白，需求永远都实现不完，工作永远都做不完，这是个无限游戏。如果你对我说："老乔，我太忙了，需求太多了，一个接一个。"我只能回答："没错，你想想，需求什么时候全部实现过？"

很多读者可能会觉得老乔说的这些"管理三板斧"、全局思维、聚焦能力、风险意识都对，可自己就是没时间实践，需求太多，每天都在加班。但需求永远实现不完，忙完这个月的，还会有下个月的——你打算什么时候开始提升自己呢？

需求实现不完是事实，但这并不意味着我们就束手无策，只能放任自流。这样做会极大地影响我们的成长速度。我们在第 1 课中讨论过，最好每 5 年能登上职业生涯的一个台阶，否则可能会进入发展瓶颈期，遇到"35 岁中年危机"之类的困扰。不过你也别担心，从我的经历来看，解决这类问题的方法并不复杂。只是对初级、中级管理者与高级管理者来说，方法各有不同。

▶ 初级、中级与高级管理者的定位差异

针对"需求实现不完，工作做不完"的情况，初级、中级管理者和高级管理者应该采取不同的定位，关注该情况中不同方面的问题。初级、中级管理者主要解决效率问题，高级管理者则需要解决价值问题。"价值问题"的核心在于评估需求的价值和正确性，明确其在公司季度目标中的地位，从而确定优先级。这本质上是一个高层战略问题。在大多数公司里，初级、中级管理者否决或调整需求的权力有限，对公司级战略决策也没有决定性的影响力。因此，他们应更加专注于解决效率问题，在需求下达后尽可能做好执行。

图 14-1 对比了初级、中级管理者和高级管理者的关注重点和主要工作内容，帮助我们理解不同层级管理者的核心职责和发展方向。

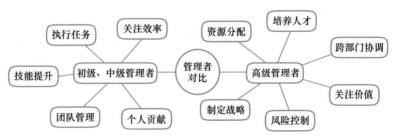

图 14-1　不同层级管理者的关注重点和主要工作内容

这听起来可能有些残酷，但做好自我定位确实至关重要：如果你是初级、中级管理者，却总是找 CEO 讨论价值和战略问题，很可能会适得其反——CEO 会认为你工作做得不好，还爱找借口；相反，如果你是高级管理者，却只处理效率问题，那就是严重失职，是战略懒惰的表现。在做好自我定位后，我们来探讨初级、中级管理者具体该如何应对需求实现不完的问题。

▶ 难度最低的办法：保持专注

初级、中级管理者需要解决效率问题。在培训体系健全、团队成员都很优秀的企业里，管理工作相对轻松。但如果下属能力偏弱，普遍缺乏独当一面的能力，情况就不一样了：你不得不高度关注团队任务的执行情况，早期甚至需要代替下属完成部分工作；你被迫开始重视团队建设，会因缺乏"猛将"而苦恼；作为初级、中级管理者，你还要承担部分一线工作任务（这里我也不建议初级管理者脱离一线任务）。此时，项目管理、团队建设、研发等各类需求纷至沓来，许多管理者就开始应接不暇了。

这也是我刚走上技术管理岗位时的真实写照。那时我热衷于"并发式"处理工作，一会儿回复邮件、一会儿回复微信，同时关注多件事情，就像电视剧里八面玲珑的职场达人，自以为效率很高。随着职位不断提升，需要处理的问题越发复杂，我不得不花更多时间专注思考单个问题。渐渐地，我才意识到并发式工作其实弊端很大，一段时间内专注于一项任务才能提高效率。图 14-2 对并发式工作和专注式工作进行了对比。

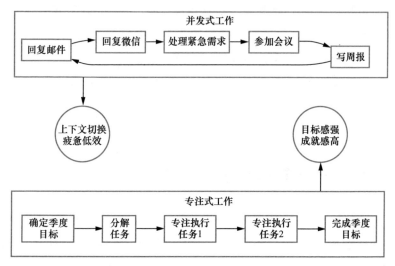

图 14-2 并发式工作 vs.专注工作

首先，如果你频繁在钉钉（或飞书等办公通信软件）、邮件、紧急需求之间切换，大脑在不同事项间来回转换，一天下来会特别疲惫。这是效率低下的主要原因之一。其次，专注式工作能带来更强的目标感和更高的成就感。现在很多人喜欢列工作清单，通过划掉待办事项获得成就感。这当然没问题，也是从工作中获得满足感的一种方式。但对脑力劳动者，尤其是管理者来说，更好的方法是从月度、季度工作目标的实现中寻找成就感。

我经常对下属说，周报不要写流水账，我不需要知道你每天做了什么，又不是在查岗。哪怕你一周只完成一件事，只要对实现季度目标有帮助，我都觉得很好；反过来，即使你一周做了上百件事，如果与季度目标无关，可能都是在浪费时间和精力。你看，专注做事的理念与目标导向的企业文化，其实是相辅相成的。

▼80 分管理者: 学会时间管理

当然，保持专注仅仅是解决效率问题的第一步。若是给初级、中级管理者打分，做到了保持专注只能得 60 分，勉强及格。那些拿到 80 分的管理者还掌握着另一个方法：时间管理法。读到这里，你可能会微微撇嘴："我当是什么了不得的秘籍，原来就是被各路畅销书、公众号重复了百八十遍的时间管理。"

没错，通过看书或上网查阅资料掌握时间管理这项技能并不难，我也不打算一步步解释方法论。但据我观察，知道"时间管理"这个概念的人很多，但真正严格执行的人却很少。主要原因之一是意外太多：辛苦做好一天的时间规划，可一个突发情况就可能将它全盘打乱，比如需要召开紧急会议、处理突发 bug 等。反复几次后，大家就会安慰自己："计划赶不上变化。"

但随着管理经验的积累，我发现一个明显事实：一个始终在处理紧急问题的管理者，不可能是优秀的管理者，管理者不该是职业"救火队长"。真正优秀的管理者需要具备以下能力。

（1）用团队力量解决紧急任务。

（2）在时间规划中预留应急时间。

（3）即便是紧急任务，也要有取舍，区分优先级。

说白了，你要时刻想着自己的 KPI、OKR 是什么，每个季度末、月末领导会用哪些指标考核你。我相信，考核标准一定不是你回复领导消息有多及时。优秀的高级管理者永远希望下属有思考、有权衡，能优先做最重要的事情，能成就业务，而不是只会听老板的话。

接下来，我们再看看 100 分管理者的特质。习惯了专注做事，做好了时间管理，提升的只是个人工作效率，作用有限。只要团队中有几个能力偏弱的下属，你依然可能会疲于奔命。那该怎么办呢？

▼100 分管理者：授权与审查

作为管理者，经常被迫承担团队成员的工作任务，这是初级、中级管理者面临的最大限制，也是"需求实现不完"的主要原因之一。在我摸索管理工作的那些年，有一本书——《别让猴子跳回背上》给了我很大启发。这本书将任务进展的每一步行动称为"猴子"，每只"猴子"都有一位解决者和一位监督者。通常情况下，下属是解决者，管理者是监督者。

理想的工作场景是这样的：管理者下发任务后，下属提出行动方案并负责执行，管理者只需在关键节点进行检查。这样，任务顺利完成，下属始终是行动步骤的推动者和执行者，"猴子"就一直停留在下属背上。

但现实中常常出现这样的情况：下属遇到困难就习惯性地问管理者"怎么办"，管理者想，让下属做还不如自己做速度快，就说"算了，我来吧"。这时，"猴子"就跳到了管理者背上，下属反而成了监督者。这种情况最终可能演变成十个下属督促一个管理者工作的悲剧——领导者忙得不可开交，下属却无所事事。

图 14-3 形象地展示了管理者如何因事必躬亲而陷入困境，以及如何通过合理的授权避免这种情况。

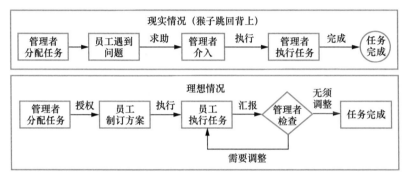

图 14-3　猴子跳回背上

这本书给了我很大启发，值得一读。书中最关键的部分是授权与审查，也就是分配工作和检查工作。听起来很简单，但现实往往与理论有差距。很多人都懂管理者要聚焦授权与审查，却做不好。特别是初级管理者，容易做到一半就变成事必躬亲——"猴子"又跳回了背上。

有人会说："项目截止日期快到了，下属还没做完，我有什么办法？"还有人说："这是在培养下属，是团队建设。"这些想法对吗？也不完全错。作为技术经理，如果明天项目就要验收，而今天下属还解决不完 bug，当然要亲自上阵。有些下属的领悟能力确实较差，即便手把手教了两三遍也学不会，让管理者感到无奈也在所难免。这些情况我都经历过，这种时候，我会额外做一些重要工作。首先就是调整心态，避免陷入两类思维陷阱。

思维陷阱一：下属为何这么笨？管理者常会下意识地将下属与自己做对比，进而抱怨："他怎么这么笨""怎么这点工作都做不完""能力怎么这么差"……要明白，下属的工作能力本来就不如你，否则也不会拿着比你更少的薪水，成为你的下属。在规划下属成长路径时，要使用合理的参照系，应该将他与同级、拥有相似经验的下属对比，而不是跨级对比。

思维陷阱二：教会徒弟，饿死师傅。初级、中级管理者很可能遇到能力很强的下属，心中会产生莫名的危机感，在工作中不自觉地藏私。这种情况并不罕见。如果你有类似的顾虑，要反复提醒自己：**与其担心自己，不如助人发展**。下属的成长恰恰证明了你的管理能力在提升。我认为一个合格的初级、中级管理者，至少要培养两名能力很强的下属。

如果不对这两类思维陷阱多加注意，就会影响所有的管理行为。在授权与审查过程中，当我不得不替下属完成部分工作时，我都会明确告诉他：这是你的工作，我只是在替你完成。要让下属清楚地认识到，"猴子"依然在自己背上，不能总是依赖领导。

新人入职时，管理者短期内付出更多精力是合理的，但要有限度。我通常给高级岗位员工一个半月的适应期，给初级岗位员工一个季度的适应期。如果员工始终无法达到岗位要求，我就会考虑淘汰他。管理者要对整个组织的成功负责，这是无奈却理性的选择。否则，管理者必然陷入困境，最终导致组织失败。从长远来看，管理工作就是不断重复"授权→审查"这一流程，如能聚焦这个流程，工作自然轻松很多。图 14-4 展示了管理者如何通过授权赋能下属，并通过有效的审查机制确保工作质量和进度。

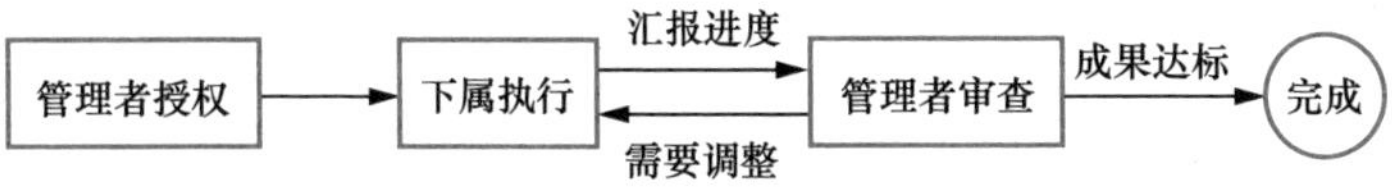

图 14-4 授权与审查

成长寄语

不要以为职位越高，工作就一定越忙。我的亲身经历是，从初级管理者到高级管理者，工作量反而没那么大了。初级管理者是最辛苦的——这里说的是身体上的疲惫，而非心理压力。高级管理者主要面临的则是战略认知、全局把控和抗压能力等方面的考验。这也正是我们如此关注“需求实现不完”这个问题的原因——只有让工作变得轻松，管理者才能更上一层楼。对初级、中级管理者而言，提高效率最有效的方法就是保持专注、善用时间管理、做好授权审查。不过，当你晋升为具有决策权的高级管理者时，情况会有所不同，我们下一课将继续探讨。

▼ 本课成长笔记

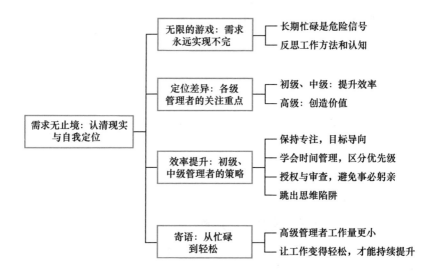

初级、中级管理者解决效率问题，高级管理者解决价值问题。

追求效率要适度，追求价值则要无所不用其极。

15

需求无止境：
从效率提升到价值导向

第 14 课我们讨论了"需求实现不完，该怎么办"这个问题。我们首先要认识到需求永远实现不完，但我们可以减少各类需求对管理者精力的消耗。基于这个认知，我们将管理者的工作重点分为图 15-1 所示的两类：初级、中级管理者主要解决效率问题，高级管理者主要解决价值问题。我们已经探讨了初级、中级管理者提升效率的 3 个方法。这一课，我想和你重点分享高级管理者如何解决价值问题，并对这两课的内容做个简要总结。

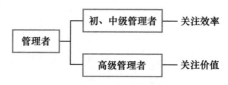

图 15-1　各级管理者的工作重点

▼ 需求处理量提升至 150%，仍然无法满足业务方要求

我进入苏宁时职位并不高，只是一名总监。一年后，我晋升为总

裁助理，直线管理 CTO 办公室和苏宁云计算研发中心，管理团队规模急剧增加——直线管理 500 多人，虚线管理近 5000 人。经过几次升迁，离开苏宁前，我担任苏宁科技集团副总裁，管理的研发团队规模超过10000 人。当时苏宁拥有约 4000 套技术系统，高峰时期日发布量接近4000 次。这样的团队规模和系统复杂度，带来了海量需求。

最初一段时间，我压力很大。由于需求处理不及时、积压严重，业务方怨言不断。为此，我重点推行"管理数据化"，着力解决技术团队的"产能问题"。这一策略的效果显著：一年后，在团队规模不变的情况下，需求处理量提升到了原来的 150%，但业务方依然不满意。为什么？因为需求永远实现不完。

这时，我必须做出选择：要么继续提升效率，将需求处理量提升到原来的 200%、250%、300%；要么像高级管理者一样，转而解决价值问题。所谓"价值问题"，就是要评估需求的价值，明确其在公司季度、年度目标中的地位，确定业务需求的优先级。说白了，技术部门兢兢业业干了一整年，但并非所有需求都真正有价值。我认为，只有解决了价值问题，才能在更高维度上确保公司持续向好。

这个选择也关乎你的个人定位。表面上，公司面临的是需求积压问题，实际上公司遭遇的是业务发展的困境。如果你把自己定位为高级管理者，就必须直面这个情况；如果定位为初级、中级管理者，则可以专注于做好架构，继续提升效率，保持现有职级。

你可能会问，需求处理量都提升到 150% 了，还能怎么提升效率？一些管理者会选择给内部团队"加压"。但要注意，"提升效率"

需要适度，否则会导致团队成员抵触和人才流失。

我要再强调一遍，初级、中级管理者解决效率问题，高级管理者解决价值问题，一切取决于个人定位。我把自己定位为高级管理者，所以选择了着手解决价值问题。

▼ 构建产品型研发组织，实现战略聚焦

怎么解决价值问题呢？根据这些年的经验和思考，我认为第一步是要将发展模式由"项目驱动"转向"产品驱动"。这两种模式分别对应"职能型研发组织"和"产品型研发组织"这两种体系架构。这些体系架构，第 7 ~ 9 课已经重点介绍过。如图 15-2 所示，项目驱动模式注重按部就班完成项目，而产品驱动模式则强调持续迭代和改进，以更好地满足用户需求。

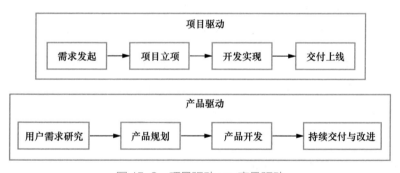

图 15-2 项目驱动 vs. 产品驱动

在"项目驱动"模式下，技术部门会为了层出不穷的需求疲于奔命，但业务上的颓势却未必能好转。比如，CEO 可能会困惑："为什么我在技术部门投入这么多成本，物流时效却没有明显改

善？"而当"产品驱动"的思想深入组织后，人人都以产品经理和业务专家的思维考虑问题，CEO 焦虑的问题也会变成："为什么我们的物流时效产品比竞争对手差这么多？"

关键区别在于：在"项目驱动"模式下，往往没人对需求的价值负责——CEO 或某事业部总经理个人的精力难以覆盖每个需求；但在"产品驱动"模式下，所有需求都必须对产品价值负责，因为这是组织的共同责任。我认为，所有组织最终都需要转向产品驱动的形态。

回到"需求实现不完"的问题，在调整组织架构后，你会发现需求数量显著减少，因为过去存在太多 ROI（Return on Investment，投资回报率）低、优先级低的"伪需求"。比如，研发团队原本每年需要处理 100 项需求，现在可能只需处理 30 项。需求量减少后，目标更聚焦、力量更集中，而且需求与公司季度目标严格对齐。

当然，这里有个前提：团队的技术能力要过关。作为高级管理者，如果你的团队经常遇到技术难题，那就说明基础工作还不够扎实，你需要先帮团队打好根基。

▼ 深度影响集团战略和激励体系

看到这里，你可能会想："听起来很简单，我学会了！"但如果我告诉你，以上方法存在两个致命问题，你能觉察到问题出在哪儿吗？不妨停下来，花一分钟仔细思考。也许你心里已有想法，但还不够清晰，你可以参考以下内容来进行梳理。

问题一：当团队面临"需求实现不完"的困扰时，业务部门通常已经积累了大量不满。这很好理解——在业务部门看来，当前的业务困境主要源于技术部门支持不力。比如，作为技术部门负责人，你不但不设法完成更多需求，反而要以"面向产品"为由，把100 项需求缩减到 30 项，这确实显得不近人情。更重要的是，这并非简单地去掉一部分需求，而是要基于产品和公司战略，重新设计出 30 项需求。那么，谁来说服业务部门接受这个调整？谁来重新定义技术部门的 KPI 或 OKR？谁又能确定这 30 项需求的具体清单？

图 15-3 展示了通过价值评估和优先级排序，将大量的初始需求精简为高价值的核心需求的需求处理转变流程。

图 15-3　需求处理转变流程

问题二：对团队而言，调整架构容易，改变行为模式难。转向产品驱动后，理论上说，需求减少了，工作应该更轻松；但实际上，每个人都需要对齐 OKR、熟悉业务、思考产品，代码之外的工作反而增加了。大多数团队很难顺利完成这种转型，往往会出现全员思维僵化，仍被动等待需求下发，潜意识里认为没有需求就意味着没有工作的情况。你可能会想到引入"新鲜血液"，但少数新员工难以影响多数老员工，反而容易被同化。

解决这两个问题不仅是解决价值问题的关键步骤，也是其真正的核心难点：仅凭个人之力，既难以全面解决价值问题，也难以从根本上破解"需求实现不完"的困境。

要攻克这两大难点，需要从公司战略层面以及团队行为模式两方面入手，如图 15-4 所示。

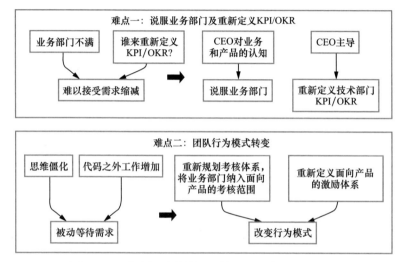

图 15-4　攻克解决价值问题的两个难点的应对方法

让我们先看第一个难点的应对方法：CEO 要基于自身对业务和产品的认知说服业务部门；重新定义技术部门的 KPI 或 OKR 也应该由 CEO 来主导。这是因为战略聚焦正是一把手最重要的工作。

这听起来像向上管理，但实际执行起来却与它大不相同。我们在第 11 课中提到过，"向上管理"是通过全局思维将认知提升到老板的层次，同时与老板保持密切、顺畅的沟通。而这里却需要说服 CEO 对公司的组织架构和业务驱动模式进行重大调整，这无疑相当困难。初级、中级管理者无须为此烦恼，因为你只是需求执行者；高级管理者影响 CEO 时必须格外谨慎，否则容易被误认为"为绩效不达标找借口"，最终功亏一篑。

对于第二个难点，应对方法是重新规划考核体系，将业务部门纳入面向产品的考核范围；同时重新定义激励体系，从面向需求转向面向产品。影响 CEO 只是第一步，更具挑战性的是要影响业务部门乃至人力资源部门。但问题在于：技术部门凭什么决定业务部门的考核方式？又凭什么影响人力资源部门？这正是数字化转型必须是一把手工程，而不仅仅是 CTO 的工作的原因。对任何产品而言，考核业务部门的 IT 化水平，考核 IT 部门为业务带来的增长，就是实现业务 IT 一体化——业务即 IT，IT 即业务。

上述两大难点未必都能解决。有时，适当妥协反而能开辟新天地。你可以在未来的职业生涯中继续探索最佳解决方案。

▼ 成长寄语

我们用了两课内容，对"需求实现不完，怎么办"这一问题进行了拆解。让我们再来整体梳理一下。首先，我们要认识到，需求永远都实现不完。在此基础上，初级、中级管理者主要解决效率问题，高级管理者主要解决价值问题。解决效率问题依赖三个要素：专注做事的习惯和方法、高效的时间管理方法，以及"别让猴子跳回背上"的管理价值观；解决价值问题则依赖产品型研发组织的构建、对 CEO 的影响力，以及对业务及其他部门的影响力。

经过这些年的历练，我认为，追求效率要适度，追求价值则要无所不用其极。很多管理者在战略层面懒惰，却逼迫下属用勤奋来解决战略问题，期望下属做得"又快又好"。但试问，若要做得足够快，又怎么可能做得足够好呢？基层员工在执行上的勤奋，永远无法弥补高层在战略上的懒惰。而对高层乃至 CEO 认知的影响，无疑是其中最困难的部分。

当然，解决问题的思路要灵活。在下属无法直接影响 CEO 决策的情况下，通过外部咨询的方式给 CEO 提供转型意见，也能"曲线救国"，最终实现目标。

到了这一课，管理方面的内容就接近尾声了。如果你认真学习了前面的内容，你会发现：要解决一个实际的成长问题，往往需要多个不同方向的知识，包括"管理者的核心任务"、全局思维、战略聚焦、管理哲学等。这一切都是相辅相成、互相促进的，形成了管理逻辑上的闭环。

管理方面的课程要结束了，但希望我们的思考不会停止。

▶ 本课成长笔记

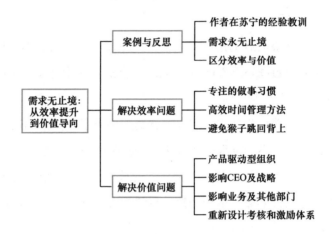

分享时，收获最大的其实是自己。

要有用户思维和产品思维，要思考听众真正想听的是
什么。

提升个人影响力：
从技术人到思想领袖的蜕变

在私下交流时，经常有朋友这样问我："老乔，我觉得你现在特别有影响力，很多人都认识你，我也常听你的演讲和分享，你讲得很精彩。我在团队管理上也有些心得，但不知道该怎么表达，也不太敢讲。你能分享一下如何提升自己的影响力吗？"

每当听到这样的问题，我都会有些不好意思。我并不认为自己是圈内的"技术网红"或专业的演讲教练，也给不出太多专业建议。不过，"如何提升个人影响力"确实困扰着许多技术管理者。影响力与"知识储备"或"个人能力"并不划等号——写得一手好代码和具备影响力是两码事。

▶ 扩大你的"影响圈"

那么，什么是影响力呢？一般认为，影响力是用他人乐于接受的方式，改变他人思想和行动的能力。这与"领导力"的概念很接近。《高效能人士的七个习惯》一书提出了两个重要概念："关注圈"和"影响圈"。关注圈是生活中你所关注的一切事物的集合，而影响圈是你能够施加影响、可以掌控的事物的集合。大多数人只是关注和抱怨某些事物，却无力改变；而成功人士则专注于扩大自己的影响圈。

令人欣慰的是，建立影响力并没有太高的门槛——你又不是要成为明星、上"热搜"。根据我的经验，只要培养一些基本认知，做好力所能及的事情，在技术圈建立一定影响力是完全可能的。这样一来，无论是推动职业发展还是管理新团队，都会有天然优势。

有些人喜欢给自己贴标签：纯技术人、内向、腼腆、不善言辞、情商低、不懂管理、不擅社交……我建议，**别给自己太多负面暗示和限制，不要把自己框死**。先去尝试，再决定要不要继续。这一课，让我们聊聊如何提升影响力，希望能给你一些启发。

▶ 从一上台腿就发抖，到满意度全场最高

和很多技术管理者一样，我现在主要通过演讲分享来打造个人影响力：从公司内部分享起步，逐渐走向行业会议，最后登上各类大会讲台。我相信对大多数技术人来说，演讲分享是最具性价比的影响力建设方式之一。

不过刚参加工作时，我可没这种想法。那时我就是个普通程序员，对演讲交流不屑一顾。记得有一次和亲友聊天时，我说我不喜欢那些夸夸其谈的同事，觉得他们整天不干实事。那会儿我认为，还是和计算机打交道省事。这就是我最初的想法——写代码才是正事，演讲分享都是虚的。这可能也是国内很多技术人的真实想法——靠嘴说算什么本事？程序员就该写代码！

转折发生在 2008 年加入 IBM 后。我当时的领导经常提醒我："要扩大自己的影响力，不能只知道干活儿！要和客户建立联系，这样他们才会找你啊！"虽然不太情愿，但我一向服从工作安排，于是硬着头皮开始在公司内部请教、讨论、分享。慢慢地，我发现自己居然喜欢上了演讲。

为什么呢？因为分享时，收获最大的其实是自己。我建议你亲自尝试向别人分享，一定会有类似的体验。在准备要给别人讲解什么时，我会不自觉从多个角度推敲内容，这能让我思考得更深入。另外，讲解要能让别人听明白，不然分享有什么意义？为此，我自然会以用户思维把演讲当作一个产品来打磨——这个例子是不是更好？那个比喻是不是更恰当？这个过程也在强化我的记忆。

最后，如果我讲得不错，同事们会夸奖我，在各种场合给予正面反馈。这些反馈，哪怕只是为了激励我，也会让我更有信心，在之后做事时给自己提更高的要求。在 IBM 的这段时间里，我从抵触分享到喜欢分享，这要归功于公司的培训体系和领导的提点，当然也离不开我的勇于尝试和持续付出。

▶ 打动听众的秘诀一：用户思维

当然，只是喜欢演讲、认真准备演讲还不够，还要思考如何打动听众。

2016 年 10 月的 QCon 全球软件开发大会（简称"QCon 2016"），主办方邀请我做主题演讲。我的演讲题目是《传统企业如何转型互联网？苏宁六年技术架构演进总结》。这场演讲对我的整个职业生涯产生了重大影响。当时，虽然我已在 IBM、苏宁做过多次内部演讲，但还未在千人以上规模的会议上演讲过。为了确保演讲效果，我在 PPT 中写了上万字的注释，供忘词时参考。这样准备够认真了吧？然而那场演讲的听众满意度只有 73%。回头看，这个数值其实不低，但对比会上其他演讲 80% 甚至 90% 的满意度，还是差了些。在参会的 127 位讲师中，这个成绩可以说是"默默无闻"。为什么会这样？

后来我多次复盘，发现了几个关键细节。听众对纯理论的内容兴趣不大，但对生动的案例却很感兴趣。当我讲解架构理论时，听众会低头玩手机；但当我用北京环线的城市规划来比喻架构设计的核心思想时，走神的听众就会抬起头来。此外，听众更喜欢真诚的分享，而不是说教式的宣讲。比如在演讲开头，我提到 2012 年我误以为苏宁的业务就只是"卖电器"的往事，就博得了大家的会心一笑，拉近了与听众的距离。

从这场演讲开始，我才真正明白：光是热爱演讲、勇于尝试、精心准备还远远不够，更要有用户思维和产品思维，要思考听众真正想听的是什么。随着经验积累，你总能从听众的反应中发现自己演讲的优缺点。现场演讲最大的优势就是能与听众充分互动，获得即时反馈。发现亮点就发扬光大，发现不足就及时改进。到 2019 年，我连续参加了 GTLC（全球技术领导力峰会）五大分站的会议，收获了丰富经验，演讲技巧也更加纯熟。我逐渐领悟到，直观、幽默、自嘲只是优秀演讲表面上的特征，其内核是：放下架子、保持诚恳，明白自己是来交流的，而不是来讲课的。

很多人做演讲时喜欢用"成功者"的叙事方式，把自己说得十分厉害、见解独到，仿佛从小就精通架构设计和团队管理。这会让听众越听越沮丧："你说的都对，但我做不到""你太厉害了，我太差了"。这些认知让我在演讲时不断提醒自己：少说些文绉绉的专业术语，表达得再平实一些，多分享有理有据的实践经验。虽然这样听起来不那么"高端大气"，但听众却很爱听。

在 2019 年 GTLC 深圳站，我的演讲听众满意度达到了 78.7%。活动结束后，工作人员告诉我这是全场最高的。我听了很开心，但觉得还需继续努力。2020 年，邀请我做咨询的企业越来越多，我还参加了几场线上直播，接触了更多种打造影响力的形式。但这时候，打造影响力已不是我对外演讲的唯一目标。对我而言，演讲分享本身就是一件快乐的事，帮助他人并收获反馈与感谢时，那种快乐真是无与伦比。

▶ 打动听众的秘诀二：态度真诚

我的这段经历不能算光芒闪耀，但使我收获颇丰。我常说"努力就会有回报"，很多人觉得这是"鸡汤"。到底是不是"鸡汤"？让我分享一下我在影响力建设方面的具体收获。

- 机会更多：演讲分享使我结识了一些志同道合的 CEO 或朋友，他们为我提供了大展拳脚的机会。环球易购、彩食鲜、新东方、海尔集团等都是如此，我对此心怀感激。

- 信任更多：由于在业内建立了一定的影响力，初入团队时，我较易获得团队和 CEO 的信任，拥有更大的决策自由和话语权。这份信任弥足珍贵。
- 朋友更多：每次回到曾经工作过的城市，总有许多老朋友约我聚会。友谊令我的内心充满快乐。
- 成长更快：我经常受邀参加各类分享和咨询活动。在这个过程中，通过不断复盘和总结，我的成长速度显著提升。

说心里话，这些收获很丰厚，但对我而言都是附带价值。真正驱动我坚持演讲、持续复盘的，是纯粹的快乐。因此，如果你尝试后发现自己真的不喜欢社交和演讲，就不必勉强。做"专家型人才"同样很好，千万不要为难自己。

一个完整的演讲并非简单地"讲"而已，它是一个循环往复、不断精进的过程，如图 16-1 所示。

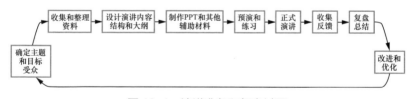

图 16-1 演讲准备和复盘过程

很多人不愿分享，觉得自己的"粗陋见解"会被专家和"大咖"笑话。其实每个人都在不断成长，任何观点和见解都有其局限性。但总会有人因你的分享而受益，你自己也会在整理分享内容的过程中成长。因此，勇敢分享不仅利他，更是利己，确实好处多多。

这就是我常说的：沟通创造价值，分享带来快乐。只要用真诚的态度做事，就可以实现上述收获。

当然，如果你发现了其他分享方式，比如写公众号、做视频号，这些也都是不错的选择。但如果你选择通过演讲分享来打造影响力，就一定要做时间的朋友，认真对待每一场活动。

经常有朋友跟我说，工作太忙，没时间准备演讲。但不妨想想：一年能参加几次对外演讲？如果工作忙，一年只有一两次演讲机会，难道不值得认真准备吗？成长需要聚焦，在打造影响力这件事上，同样需要聚焦。

正是基于这个原因，我没有过多地分享具体的演讲技巧。不是我不想分享，而是当你认真准备、用心复盘每一场演讲时，忘词、紧张、不会写 PPT、不会控场等问题都会迎刃而解。

这里要注意：认真是第一步，真诚是第二步。大多数情况下，过度包装自己反而会适得其反。人都有虚荣心，但至少要确保演讲内容（特别是实践经历）是真实的，不要一味吹嘘自己。

最后，犯错和失败都很正常。理想状态下，我们当然要追求更好的演讲效果；但现实是，不是只有完美的演讲才能带来收获。在 QCon 2016，虽然满意度不算太高，但我的演讲依然给我带来了巨大收获。演讲内容被整理成文章在网上广泛传播，后来很多邀请我加入团队的企业高管，都是通过这篇文章认识我的。

由此可见，影响力的产生并非立竿见影，它更像是一个"发酵"的过程，如图 16-2 所示。要相信：付出总会有回报。别因为一次演讲发挥不好、一篇文章写得不够理想就开始退缩，给影响力一些发酵的时间，坚持做正确的事，做时间的朋友。

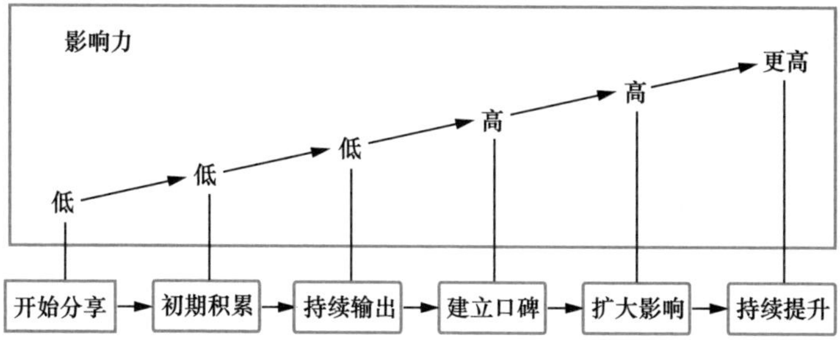

图 16-2　影响力发酵的过程

▶ 成长寄语

对我个人而言，提升影响力最有效的方式是对外分享技术和管理经验。当然，每个人在不同阶段都可能有不同的选择。我有一位朋友不想转向技术管理，而是想通过提升技术实力来增加影响力，还打算写博客和微信公众号文章。这个想法很好。只要保持认真和真诚的态度，并持之以恒，就一定会有收获。

▼ 本课成长笔记

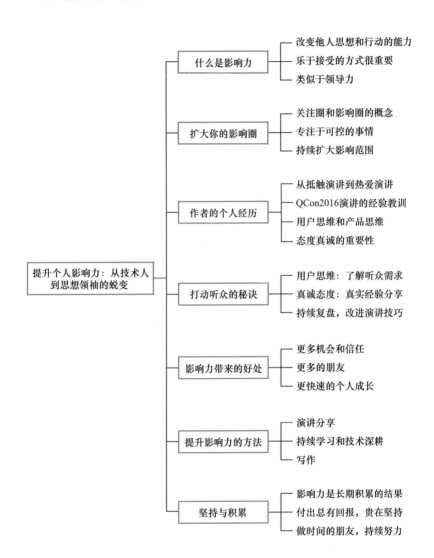

什么是影响力
- 改变他人思想和行动的能力
- 乐于接受的方式很重要
- 类似于领导力

扩大你的影响圈
- 关注圈和影响圈的概念
- 专注于可控的事情
- 持续扩大影响范围

作者的个人经历
- 从抵触演讲到热爱演讲
- QCon2016演讲的经验教训
- 用户思维和产品思维
- 态度真诚的重要性

提升个人影响力：从技术人到思想领袖的蜕变

打动听众的秘诀
- 用户思维：了解听众需求
- 真诚态度：真实经验分享
- 持续复盘，改进演讲技巧

影响力带来的好处
- 更多机会和信任
- 更多的朋友
- 更快速的个人成长

提升影响力的方法
- 演讲分享
- 持续学习和技术深耕
- 写作

坚持与积累
- 影响力是长期积累的结果
- 付出总有回报，贵在坚持
- 做时间的朋友，持续努力

第三部分

专业成长：
架构、产品、设计

很多所谓的"技术债"，其实就是由一次次决策失误累积而成的。

一把手是团队的天花板，要为团队所有问题负责。

17

架构决策：
技术管理者的核心能力

在这一课，我们将以技术和架构思维为抓手，夯实管理者的成长基础，努力成为基础扎实、快速成长的优秀技术管理人才。我们的终极目标是成为一名优秀的 CTO。如果你觉得本书内容对你有帮助，欢迎分享给更多人——声音越多元，交流的价值就越大，我们成长的速度也会越快。

好，让我们言归正传，一起探讨如何理解和提升架构决策能力。

▼ 决策失误，是"技术债"的主要来源

你可能会想：老乔是在吊人胃口吗？在要讲专业成长的时候，不直接讲架构设计，反而先谈架构决策能力。事实上，回顾这些年的管理经验和见闻，我深深认识到：架构决策能力不仅至关重要，更是技术管理者核心的能力之一，而且职级越高越是如此。

2012 年初，我在 IBM 为苏宁提供顾问服务时，就遇到了一个重大的架构决策问题：是继续沿用 ESB（企业服务总线）架构，还是转

向分布式架构。如今看来，这个问题似乎不需要讨论——众多企业都已拥抱分布式架构，放弃 ESB。但当时苏宁倾向于继续使用 ESB 架构，因为其技术架构中存在 SAP 服务和其他异构系统，不能直接放弃 ESB。选择分布式架构就意味着要同时维护两套系统。

然而，我坚定地支持采用分布式架构，理由充分：

- ESB 架构作为集中点，风险过高；

- 如果选择 ESB 架构并让其承载大量业务逻辑（系统间调用的处理逻辑），未来转型将异常困难；

- 虽然系统中有部分异构系统，但主体是同构系统，完全能用分布式架构支撑；

- 分布式架构让服务可以直接访问，无须像 ESB 架构那样经过负载均衡系统和网络交换机，避免了资源浪费。

虽然理由充分，但作为乙方（企业外部人员），我面对持反对意见的甲方（企业内部人员）时，处境较为微妙。通常情况下，乙方不会在这种问题上与甲方争执——如果甲方已有明确倾向和意见，顺从不就好了吗？但我深知架构决策事关重大，所以坚持表达了自己的观点。最终，苏宁的 IT 系统成功转型为分布式架构，避免了走上歧路。更让我庆幸的是，2015 年我加入了苏宁。如果当初没有坚持转型分布式架构，3 年后等待我的将是一个庞大、臃肿、高风险的"烂摊子"架构，那该多么痛苦！

说这些并非要突出我有多么聪明。恰恰相反，我相信每个人都很聪明且非常专业。我想说明的是，如果在重要的架构决策上出现失误，企业可能需要花 3 年、5 年甚至更长时间来"还债"。你看，

很多所谓的"技术债"，其实就是由一次次决策失误累积而成的。

那么什么是架构决策能力？简单来说，就是当团队选择架构方案，出现争议、难以决断时，管理者需要具备的一锤定音的能力。新架构落地的时间长短只是效率问题，但确定新架构设计的方向却至关重要。如果方向不对，即便团队里有再多精兵猛将，也只能跟着漫无目的地瞎忙——这就是所谓的"一将无能，累死三军"。

▼ 选择"不作为"，往往更加可怕

说句公道话，很多管理者虽然会出现决策失误，但至少做出了决策，让业务在一定时间内维持增长。最糟糕的是管理者选择不做决策，导致团队工作无限期停滞，严重影响业务发展。举个例子，两个团队成员在会议室里争论两个架构设计方案的优劣，各执一词，谁也说服不了谁。这时，作为技术管理者，你应该怎么办？

我见过 3 种处理方式：一是分析各方案优劣并现场拍板；二是指出双方考虑不周的地方，给予双方时间优化方案，并在设定的截止日期前做出决策；三是含糊其辞地说"不够具体""没有重点""再回去想想"。前两种都是正确的处理方式，都建立在管理者已有清晰判断的基础上——第一种注重效率，第二种重视团队培养。但第三种值得深思。这往往是一种"职场生存技巧"：表面上让团队深入思考，实则是管理者自己没有答案，之后就是一味地拖延。有些业务因此延期半年以上，这对企业来说非常危险。

因此，这一课有一个关键认知：一把手是团队的天花板，要对团队所有问题负责。作为管理者，尤其是在职业生涯早期，我常用这个认知警醒自己。对应到架构决策，就是一把手必须有勇气在方案间做出选择，并承担相应后果。当然，架构决策也要谨慎，千万不要因为"乔老师说要敢于决策"就闭着眼睛随便选——架构决策是有一套完整的意见反馈和流程模板的。

▼ 架构决策的流程和模板

当管理者面临架构决策时，通常会有两个或更多的方案需要权衡，这时往往需要高层参与决策。在苏宁期间，我建立了一套完整的架构决策流程。图 17-1 展示了架构决策的完整流程，从发起申请到最终执行，确保每个环节都有清晰的责任划分和操作规范。

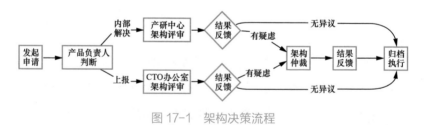

图 17-1　架构决策流程

首先，当事人发起架构决策申请。产品负责人随后判断该申请是在产研中心内部解决，还是需要上报至 CTO 办公室。接着，在相应层级完成架构评审，并将结果反馈给当事人。当事人如有疑虑，可以申请架构仲裁；如无异议，则归档执行。

　　这个流程的主要参与者包括产品负责人、技术负责人、架构师团队、架构负责人和 CTO 办公室负责人等。若在部门内解决，CTO 办公室不会参与；但如果评审后仍有分歧，CTO 办公室会与其他负责人一同参与仲裁。

　　你可能会问：这样详细的流程是否会延长决策周期？是否不够"敏捷"？确实，任何新增的制度和流程，即便设计得再完善，都会在某种程度上影响团队的敏捷性。因此，对于小团队，我可能不会采用如此正式的决策流程，因为我能亲自参与每个重要决策。但对大型企业而言，这套制度不可或缺。

　　值得注意的是，虽然系统化的解决方案能够有效应对组织问题，但在实际执行中很容易"变形"。在这个决策流程中，最大的挑战不在于架构评审和仲裁本身，而是推进的速度。高级管理者日程繁忙，难以及时召开会议，特别是涉及 CTO 级别的决策时，进展往往相当缓慢。

　　对此，我的解决方案是参考本书第 8 课中的建议，坚持推行日历与会议协同的文化和工具。只要管理者日历有空当，就可以安排会议，全员遵守，特殊情况另行沟通。由此可见，任何策略或系统化的解决方案都与企业文化密不可分。正如那句名言："文化吞噬策略如早餐。"

　　管理者要优先支持下属的架构决策，同时下属也要充分准备，提高效率。在启动架构评审前，发起人的首要任务就是填写并提交一份详细的意见反馈表，具体内容如图 17-2 所示。

架构决策				
待决策内容			决策编号	
决策人				
通知人				
决策日期				
架构决策申请编号/ 文件名称				
业务需求/问题描述				
假设条件				
重要性				
可选方案 1				
可选方案 2				
决策结果				
决策理由				
因决策而产生的需求				
其他相关决策				

图 17-2 架构决策意见反馈表

当你看到这份表格时，可能会首先注意到业务需求、可选方案、决策结果和决策理由等关键词。这些确实构成了决策流程的基本要素。但请注意，每一个表格项目都必须填写。

让我们看看表格其他部分的设计意图：待决策内容到架构决策申请编号这部分用于决策事件归档，方便日后参考和借鉴；假设条件用于明确方案的依赖条件，避免不切实际的设计；重要性标注帮助提升决策效率；因决策而产生的需求和其他相关决策则确保方案能够落地执行。

虽然模板中各项没有字数限制，但填写标准很明确：保持逻辑清晰、内容完整，确保他人能准确理解。这份表格比决策流程本身更具通用价值，主要体现在 4 个方面：第一，促使各方充分思考和准备，避免浪费时间；第二，将分歧明确记录在案，防止沟通歧义和相互推诿；第三，培养团队的全局观和决策能力，推动人才梯队建设；第四，通过系统化方案解决团队问题，达到长期效果。

更重要的是，这套流程和表格不仅是工具，更是一种思维模式。越早培养这种思维模式，对个人成长越有帮助。如果你能在实践后将经验沉淀为文档，相信终能制定出适合自己公司的架构决策模板。

不过必须承认：即使有了完整的决策流程和模板，要高效做出正确决策仍是管理者的重大挑战。各领域的架构设计都有其特点，尤其是业务架构还常涉及历史遗留问题。如果不是代码维护者，往往难以完全理解业务逻辑。那么在这种情况下，管理者该如何做好架构决策呢？

▼ 全局视角与技术深度，成功架构决策的双重要素

我认为，要做好架构决策，管理者至少需要具备两项特质。第一项特质是学会站在全局视角看待问题，了解技术架构的"外部价值"。这种外部价值包括公司利润、人效、资源利用率和业务风险等。

让我们回想一下本课开头提到的案例：2012 年在苏宁时，我在 ESB 架构和分布式架构之间选择了后者。这个决策带来了哪些外部价值？虽然这个技术平台架构决策与收入、利润的关联度较低，但分布式架构显著降低了业务风险，同时在系统交互层面提升了资源利用率——这些都是明显的优势。

然而，仅仅看清外部价值还不够。如果这就足够，那么不懂技

术的 CEO 反而会是最佳的架构决策者。这就引出了第二项特质：决策者必须具备扎实的技术深度，以及出色的学习能力和逻辑思维。

为苏宁选择分布式架构的决定，涉及大量技术细节：你需要了解 ESB 架构和分布式架构在支持同构、异构服务时的优劣势；理解两者通过 TCP/IP 和 IP 交互的效率差异；掌握 ESB 架构中负载均衡系统和交换机带来的资源开销等。这正是我们一直强调要做 T 形人才的重要原因——深厚的技术栈是你前进的有力支撑。如图 17-3 所示，T 形人才不仅具备深厚的专业技能（纵向），也拥有广博的知识面（横向），能够更好地适应复杂多变的技术环境。

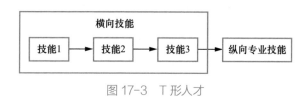

图 17-3　T 形人才

那么，是不是只有分布式专家才能参与分布式架构的决策？当然不是。CTO 不可能成为真正的全栈技术和架构专家——在人才梯队完善的企业中，专注技术路线的下属往往会在某些专业领域超越你。这时，管理者的学习能力和逻辑思维就显得尤为重要。在架构决策过程中，我们要求填写详细的意见反馈表，其核心目的是让当事人清晰阐述架构背后的逻辑。管理者的任务是：通过下属的表述，快速理解业务和架构逻辑，在短时间内成为这一细分问题的专家，进而做出决策。

"只要你能讲清楚，我就一定能掌握"，如果通过坚持不懈的练习，养成了这一专业素质，管理者将在架构决策方面无往不利。你可能会说："我们团队的成员嘴都比较笨，真的说不明白。"没关系，管理者可以多加引导，一个很好用的小技巧是，引导对决策存在分歧的双方就方案合理性互相"攻击"。你可以要求当事人 A 首先阐述方案，并进行提问，如："你凭什么说这个方案就能节省资源？"在当事人 A 回答完之后，询问当事人 B："你对他刚才的阐述难道没有疑问吗？"这样一来二去，方案背后的逻辑就会更加清晰，管理者也就更容易进行决策了。

▼ 成长寄语

这一课探讨了架构决策的认知、流程，以及管理者需要具备的基本特质。初级管理者要尽早培养架构决策能力，特别是优化思维模式和扩展技术深度。高级管理者则要做好认知层面的储备。

许多 CTO 面对下属的架构决策求助时，总是回复"我忙着呢，过两天吧""你自己再想想，晚点再说"。高级管理者不该总是瞎忙，如果真正意识到架构决策是技术管理者较重要的任务之一，就一定会为决策会议腾出时间。拖延决策的管理者，要么是能力不足，要么是战略懒惰，鲜少有其他情况。所谓战略懒惰，往往表现为管理者热衷于冲到一线"拼杀"，却对团队的方向性问题反应迟钝。

诚然，做管理时间久了，难免怀念"带队冲锋"的感觉，这无可厚非。但请记住，"冲锋"必须在战略决策之后。在现代商业环境中，善于决策又敢于冲锋的管理者必定大有可为。

▼ 本课成长笔记

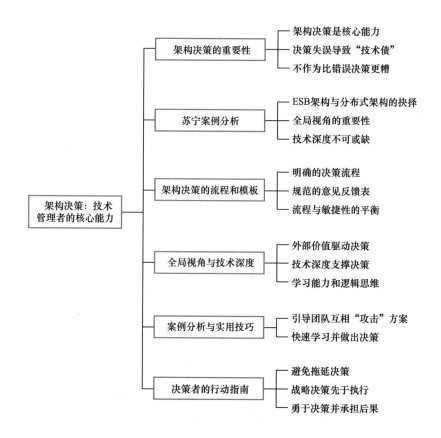

好的架构设计，就像优秀的组织协作一样，既能帮助IT系统做好各模块的专业分工，又能体现模块间的协作精神。

18

架构设计：
专业分工与协作精神

这一节课，我想和你聊聊我对架构设计的一些认知和体会。技术人最常接触的概念就是架构设计。即使是初出茅庐的新手程序员，也可能听说过六大设计原则与 23 种设计模式。要成为管理者或技术专家，架构设计是绕不开的门槛。

这里我们只聊一个最核心的认知：好的架构设计，就像优秀的组织协作一样，既能帮助 IT 系统做好各模块的专业分工，又能体现模块间的协作精神。这个认知是不是听起来很熟悉？没错，在很多架构设计思想里，我们都能找到它的影子，如"高内聚、松耦合""单一职责原则""接口隔离原则"等。

你可能会想，老乔是不是在敷衍？作为一个 CTO，在架构设计这一课就教这么基础的概念。确实，这个概念很基础，但我想告诉你，架构设计，尤其是业务 / 应用架构的设计，本就没有那么复杂。工作近 20 年后，我发现，如果一名架构师存在职业发展瓶颈，多半是因为没有把简单的设计方法执行好，而不是复杂的设计方法没学会。复杂的学会了，简单的却没做好，听起来很矛盾吧？下面，我们详细聊聊这是怎么一回事。

▼ 从程序员到架构师，什么能力在提升？

2020 年，刚到彩食鲜时，我在审查团队技术需求的分配和实现时发现了一些不合理的情况：某些简单的业务流程改造工作，团队却需要花费大量时间才能落地，几天就能完成的代码修改，有时竟然要花一个月，团队常常觉得仅仅实现需求就已经很吃力。

深入分析后，我发现了问题的根源：表面上是逻辑不合理，实质上是架构设计出了问题。生鲜或电商类业务的架构通常包括 OMS（订单管理系统）、WMS（仓库管理系统）、TMS（运输管理系统）等系统。其中 OMS 负责处理和调度用户订单，WMS 负责仓储管理，TMS 负责安排物流运输——功能划分本应很清晰。

但在研发迭代时，很多业务并没有做好架构层面的考量。例如，有些团队将订单相关的逻辑直接放在 WMS 中处理：WMS 接到 1000 斤蔬菜的订单，检测到仓库只有 500 斤库存，就直接向采购系统发出请求，要求采购 500 斤后再完成订单交付。这样的逻辑虽然能保证功能实现，但从长远来看，必然会导致架构层面的问题——WMS 系统会变得越来越臃肿，最终导致新需求的处理速度严重下降，影响业务增长。这正是许多企业目前正在头疼的问题。

你可能会想，这个例子中的架构师太外行了，连基本的 OMS 都不懂。但事实上，很多企业每天都在犯类似的错误，尤其是那些 IT 服务于自身生态的甲方企业。大家习惯于基于业务需求写代码，而不是基于架构设计写代码，总是抱着"先实现了再说"的心态，这在业务起步阶段尤为普遍。

在业界，你会发现一个普遍现象：许多企业投入大量资金和人力进行 IT 建设，却每隔几年就要进行一次架构大调整，甚至直接推倒重来。更令人担忧的是，大多数人已经习以为常，甚至认为这种重建是架构师能力的体现。但事实上，如果架构师能严格遵循"专业分工、充分协作"的原则来迭代需求，这种大规模重建是完全没有必要的。一位优秀的架构师应该像个"隐形人"，看似无所作为，但他负责的架构总能快速响应业务需求。

什么是"快速响应业务需求"？在相同的业务复杂度下，系统在其建设的各个阶段都能以相近的工作量完成需求。那么，"专业分工、充分协作"具体是如何实现的呢？在架构设计实践中，这是一个 V 字形拆分再合并过程。

图 18-1 展示了"V 字形拆分再合并"的过程，即首先将复杂功能拆解为最小可执行单元，再根据职责进行整合，最终形成可复用的组件。

图 18-1　V 字形拆分再合并过程

拆分是将复杂功能按角色和职责划分，使每个模块的功能既单一又简单。例如，从零搭建淘宝网是一项复杂的工程，但我们可以将其拆分为订单中心、用户中心、商品中心、库存中心等模块。订单中心还可以细分为订单创建、订单查询、订单履约等功能。如果实现仍然复杂，就继续拆分，直到能用简洁优雅的代码实现为止。

合并则是将相似职责整合到一个模块中，提取可重用的部分，以提升业务响应效率。例如，订单创建和查询都需要数据库操作，那么数据库交互就应统一封装。

从抽象角度看，架构由元素（element）和关系（relationship）构成。架构设计中，稳定且可复用的部分应成为组件或应用模块，对应"元素"；而面向不确定性的设计则转化为协作方式，为未来扩展做准备，对应"关系"。这就像足球队，前锋、中场、后卫分工明确才能形成战斗力；同时中场可以回防，后卫可以前插，以应对变化。若没有这样的设计，足球运动员就会像一群漫无目的追球的孩子。

如图 18-2 所示，架构由"元素"和"关系"两部分构成，元素强调稳定和可复用，关系则关注协作方式以及如何应对不确定性。

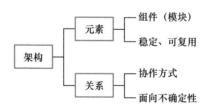

图 18-2　架构的构成：元素和关系

那么"元素"是否越细分越好？当然不是。能用 5 个模块完成的功能非要拆分成 100 个模块完成，只会徒增烦恼。因此，从初级架构师到高级架构师，持续提升的核心能力是复杂业务的拆分能力、可复用部分的抽象能力、拆分过程的颗粒度把控能力，以及对未来变化的考量和设计能力。架构的"应变能力"与架构师对业务的理解深度密切相关。用一句话总结：对架构层面"专业分工"和"协作精神"的理解，是架构师的基础与核心能力。

▶ 认知延伸：如何看待微服务和中台架构

你可能会想，老乔讲的对是对，但有什么实际用处呢？别急，下面让我们用前面讲的架构设计思想来分析近几年流行的微服务和中台架构。说到微服务，首先要明白，它将功能和数据处理封装在一起，这与 SOA（面向服务的架构）很相似。其次，它把服务交互、治理、监控、隔离等基础能力都封装在框架中，让开发团队能专注于功能实现。再次，通过与 Kubernetes 的集成，微服务的功能、数据、基础设施得到了进一步封装，使技术架构更上一层楼。

可以看出，在微服务框架下，技术架构的许多职责都被抽象出来并融入框架，体现了最佳实践。同时，微服务有一个基本原则：让系统分工更明确、责任更清晰。这不正是我们前面讨论的内容吗？

对业务架构师而言，即使采用微服务架构，工作重点仍在架构设计上，如业务功能如何归类。在微服务改造中，经常遇到这样一个问题：如何把控微服务拆分的颗粒度？既然叫微服务，是不是一定要分得很细？这类问题没有标准答案。即便没有微服务，架构师也需要做功能拆分，而颗粒度的把控既取决于业务特性，也取决于架构师的能力。一个深谙分工和协作的架构师，很少会为微服务拆分的颗粒度而困扰，因为本质上这些都是同一个问题。

从单体应用到独立功能服务，代表了功能拆分的两个极端。但架构设计中深刻蕴含着"中庸思想"。如果只考虑功能设计，我们的目标很简单：让架构能更快地响应业务调整。那么如何实现更快的响应速度？关键是在确保各元素职责清晰的前提下，抽象出稳定的功能或组件，再用业务流程串联起来。

在一定时期内，企业的技术架构功能和组件基本保持稳定，而业务运转方式却在不断变化，甚至每周都在调整。可以说，以不变应万变是架构设计的精髓。这种设计思想与中台架构如出一辙。企业建设中台的重要目标之一，就是实现企业营收层面的"开源"，确保企业架构能快速响应市场需求。其关键词包括消除烟囱、架构解耦、统一中台、服务重用……

没错，和我们前面谈的架构设计的核心原则完全一致。说到中台，业界很多技术人都踩过不少坑。中台概念刚出现时，大家争相效仿，但实践多了才发现问题重重，以至于现在许多人对中台都持怀疑态度。为什么会这样？我认为最关键的原因是大家忘记了架构设计的"初心"，错误地把中台当作一个全新的设计理念。从架构角度看，中台并不新颖，它只是强调了"可重用部分的抽象"这一核心工作。那么，如果你的 IT 系统可复用内容有限、业务量不大，建设中台又有什么意义？如果中台无法为业务赋能，它的价值又在哪里？可见，牢记架构设计的核心原则，能帮助我们更理性地看待这些时髦理念。

当然，这并不是说中台的兴起只是一场不专业的狂欢。以苏宁为例，其在 2012 年启动中台建设，2013 年上半年就完成了。后来接入天猫业务时，团队仅用七天七夜就完成了系统融合，效率惊人。关于企业数字化转型和中台建设，我在公众号分享过一个系列，通过 9 篇文章（约 4 万字的篇幅）详细阐述了一个中台的"指挥官体系"。建议大家阅读，深入理解中台和微服务设计的具体内容。

所以，微服务和中台确实都具有巨大的实践价值，但它们本质上只是架构设计核心原则的成熟实践模式和承载方式，而非解决架构问题的"灵丹妙药"。简单说，如果你能遵循架构设计的核心原则做好模块拆分，微服务架构就能很好地承载这种设计思想，为你提供服务治理、监控等工具。但如果连基本的模块拆分都做不好，微服务也不能帮你解决颗粒度问题。如果你问："老乔，我没有'专业分工'的设计意识，也做不好模块拆分，是不是用了微服务就能搞定？"我只能说，这不可能——天底下没有这样的好事。

▼ 复杂架构设计如何落地执行

下面我们再来聊聊复杂架构设计的落地方法。

在 IBM 工作期间，我曾分享过一系列专业架构师培训课程，包括：为期 5 天的企业架构（enterprise architecture）培训、为期 3 天的架构思维（architecture thinking）培训、为期 3 天的组件建模（component modeling）培训，以及为期 3 天的运营建模（operation modeling）培训。

接下来，我会用简洁的方式把功能性架构设计中最直接的方法和步骤总结出来分享给你，其中也会涉及我们前面提到的一些内容。

关键认知：从个人视角来看，世界可以简单区分为确定和不确定的两个部分。架构设计将其抽象为元素和关系：元素对应确定部分的处理，采用的是稳定的视角；关系对应不确定部分的处理，采用的是响应的视角。

由于人类理解能力有限，包含过多内容的元素会导致理解困难，需要拆分。同样，元素归类时也不能贪多。优秀的架构师会将适量的元素归类，形成"组件"（component 或 module）。我们通常以 10 作为衡量标准——当一个组件包含的元素或职责超过 10 个时，就需要拆分。这就是组件建模的"10"原则，如图 18-3 所示。图 18-3 尝试用静态图的方式展现组件建模的"10"原则，即当一个组件包含的元素超过 10 个时，就需要考虑将其拆分成更小的组件，但这只是静态的展示，实际操作中需要根据具体情况进行调整。

元素归类一般采用 V 字形分析法，如图 18-4 所示，先将流程分解为功能，再将功能聚合为组件。当组件明确后，架构的元素建设就基本完成了。组件对外暴露的能力称为服务。

那么，架构的关系该如何建设？对于确定性的交互，使用 SOA，做好服务调用即可；对于不确定性的交互，则使用 EDA。

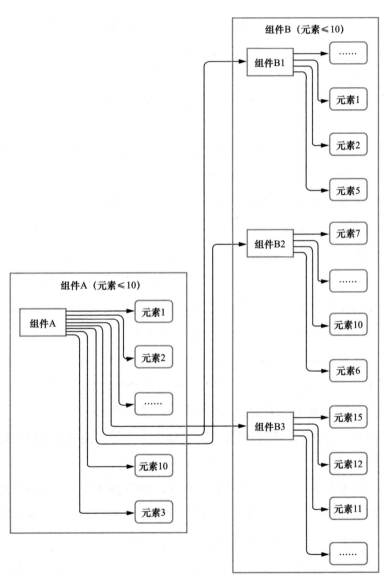

图 18-3　组件建模的"10"原则

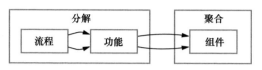

图 18-4　元素归类一般采用 V 字形分析法

在新需求到来时，特别是大版本更迭时，架构师需要与产品经理和程序员沟通，评估新需求是否显著提升了某些组件的复杂度，并决定是否调整组件职责或进行拆分。

从业务发展的角度看，组件数量应该是逐步增长的。如果一开始就设计了大量组件，往往是过度设计；如果业务复杂度翻倍而组件数量不变，则可能是设计不足。

以上就是落地复杂架构设计时的关键认知，需要结合前文内容深入体会。

▌ 成长寄语

这一课探讨了架构设计的核心理念：专业分工和协作精神。具体来说，就是做好功能的拆分，抽象出可复用的部分，并为未来发展预留扩展空间。我们主要聚焦于功能性架构的设计，至于高性能、高可用、高并发、风险控制等非功能性架构设计，将在后续内容中逐步展开。

你可能会想：这个理念是不是过于简单了？其实很多知识就是这样：说简单确实简单——容易理解，也易于操作；说难也确实难——即便是首席架构师、技术总监，也可能会被这些问题困扰，重复犯同样的设计错误。

究其本质，我们需要用发展的眼光看待个人成长和架构设计这类宏大命题。正如我常说的，要做时间的朋友。做架构设计的技术人都明白，罗马不是一天建成的。同样，对架构设计核心原则的理解也不可能在一两年内达到完美，这种理解会随着技术人的成长不断深化。

事实上，人类在解决复杂问题时，往往采用类似的思维方式：将复杂问题拆解为简单问题，逐一解决后再整合，并将可复用的知识抽象出来，实现举一反三。我们今天讨论的架构设计正是这种思维方式在软件设计领域的体现。希望你能将这个表面简单、实则深邃的知识点融会贯通，最终达到返璞归真的境界，成为一名优秀的架构师或技术管理者。

▶ 本课成长笔记

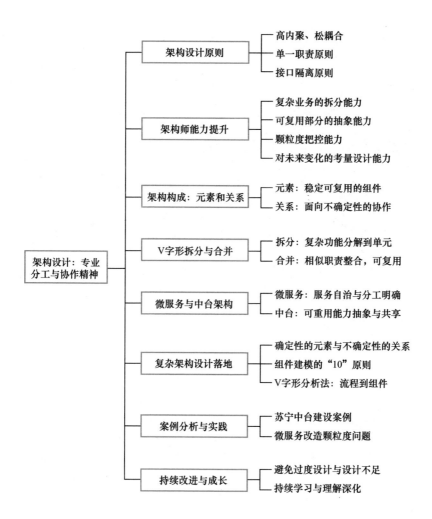

产品是企业及个人价值的最好载体。

只有先成就用户，才能成就产品。

产品思维：
从契约精神到洞察人性的卓越之路

这节课，我想和你探讨如何培养产品思维，以及分享我个人在这方面的经历和思考。多年前，我对产品思维知之甚少，工作重心主要放在架构设计和解决方案上。随着职位的提升，我开始承担公司业务发展的责任，才逐渐意识到：**产品思维对每个人都至关重要，无论是高级管理者还是 IT 团队中的每一位成员。** 要理解这一点，让我们先来探讨产品的企业价值和个人价值。

▶ 产品是企业及个人价值的最好载体

你可能还记得，第 7 课提到：要将职能型研发组织转变成产品型研发组织。这样做的原因是什么？产品不仅是企业对外提供服务的载体，更是企业核心竞争力的具象化体现。

说到企业竞争力，投资人和企业家常常提到竞争壁垒这个概念。例如，腾讯在社交、文娱领域的强大壁垒，阿里巴巴在电商领域的强大壁垒。几乎所有"大厂"都建立了让新兴势力难以撼动的壁垒。那么，这个神奇的竞争壁垒究竟是什么？虽然许多书将其解读为品牌效应、规模效应、网络效应和要素垄断等，但这些概念过于繁杂，反而模糊了核心。从另一个角度来看，答案其实很简单：对企业而言，**竞争壁垒的本质就是产品**。

企业既有面向外部的产品，也有服务内部的产品，而且这两类产品可以相互转化。通常，随着产品能力的提升，内部产品可以转化为外部产品。我认为，这正是培育公司"第二曲线"业务最务实可行的方式。图 19-1 展示了内部产品转化为外部产品的过程，强调了市场潜力评估的关键作用。

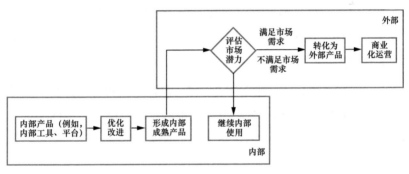

图 19-1 从内部产品到外部产品的转化

例如，阿里巴巴孵化了自己的技术平台，成熟后它就成了阿里巴巴的 IT 基础设施类产品；Netflix 将优秀的 API 发展成了可内外兼售的 API 产品。再如，许多"大厂"将成熟的人才梯队建设方法论转化为产品；一些企业则擅长将内容制作成产品。这些产品都需要时间迭代，需要持续投入人力、物力打磨，最终形成企业的竞争壁垒。因为在各自的垂直领域中，凭借这些优秀产品，你已经获得了显著的先发优势。

说到企业价值，产品的个人价值也随之凸显。**产品的个人价值主要来源于产品为企业创造的价值增量。**如果你的工作对企业成长毫无助益，就难以实现自身的进阶成长。因此，团队每个成员都应致力于创造企业价值增量。从长远来看，企业价值如何体现？答案就是做产品。所以企业中每个追求成长的人，都要学会做产品，培养产品思维。这是一个简单而重要的逻辑。

有人可能会说："没有产品思维，我不也能写代码、做架构吗？"确实，如果只想安稳地当个企业的"螺丝钉"，做个普通的程序员、测试人员或架构师，产品思维并非必需。但如果你追求个人成长、追求卓越，产品思维就是不可或缺的能力。

▶ 培养产品思维的两大核心：契约精神与洞察人性

讲完了这些理论，那么究竟该如何培养自己的产品思维呢？大部分人的第一反应是去找有关产品经理的书籍阅读。但读着读着就会感到困惑：书中的案例不是有关 iPhone 的就是有关微信的，让人不禁感叹乔布斯的天赋和张小龙的神奇。然而，书中的故事虽然传奇，现实工作却很"骨感"。学了不少专业术语，却难以实际运用。

确实，对大多数技术人来说，培养产品思维的目标是重构自己的部分认知，并将其应用到日常工作和生活中。我们不必非要成为乔布斯，也不一定要开发爆款应用。那么，如何用简单实用的认知来构建产品思维呢？

我认为有两个最重要的关键词："契约精神"和"洞察人性"。

前者能让你具备入门级的产品思维，后者则能帮你成为卓越的"产品经理"。契约精神就是要有一诺千金的意识，可以从以下 4 个方面理解：

（1）将每个工作成果都视为产品来交付；

（2）理解产品的目标用户；

（3）明确产品在用户投入后的实际交付内容和承诺；

（4）不惜代价信守承诺。

以京东物流为例，作为一款物流时效性产品，它与用户的"契约"是"当日或次日送达（偏远地区除外）"。为实现这一承诺，从订单系统到调度系统，从仓储系统到配货系统，所有环节都必须协同努力。再看唯品会，它的"契约"是"以更优惠的价格提供正品鞋服"。这需要整个企业，不仅仅是 IT 部门，共同兑现这一承诺。而彩食鲜的"契约"则是提供可信赖的安全食品，这就要求从基地管理、采购管理到工厂加工、仓储作业和配送服务的每个环节都严格把关，确保食品安全，实现批次检验、信息可查、来源可溯。

由此可见，企业要打造优质产品，关键在于每个模块的责任人都要恪守契约精神。任何环节的疏忽都可能损害企业信誉。你可能会说："这很简单啊，契约不就是按约定交付吗？"没错，契约概念确实易懂，但执行却很难。就像人人都知道该还债，却仍有人赖账。因为信守承诺不仅是态度问题，更需要能力和方法的支撑。我们需要通过明确契约、开展设计、信守承诺这三步来确保契约的兑现。

在日常研发和管理中，当截止日期迫近、工作量激增时，你能否坚守契约精神，将承诺的内容分毫不差地交付给用户？诚然，这很有挑战。但只要能守住底线，把简单的事情持续做到位，你就已经超越了大多数人和企业。

产品思维的另一个关键词是"洞察人性"。即便在最具极客文化的互联网公司里，也存在许多"反人性"的产品设计。以版本发布为例，大多数公司都将发布时间安排在凌晨，要求研发和测试人员值班，直到确认生产环境正常才能休息。这样的安排显然不够人性化。那么，我们能否在保证业务稳定的同时，让发布流程更加合理？例如，根据业务流量特点选择更合适的发布时间，或是构建 7×24 小时无人值守的发布系统，配备秒级发布和回滚功能，让团队摆脱人工监测的束缚。解决方案很多，关键是要愿意思考和改进。

除了这类明显的"反人性"设计，还有许多隐性问题往往是研发人员意识不到的。这就需要我们怀着同理心，深入实际环境，与真实用户交流。优秀的产品经理都具备强大的同理心，善于从用户角度思考：他们在特定场景下有什么需求？面临什么困难？想要达成什么目标？

不同产品经理的价值观会塑造出不同风格的产品。但我始终认为，科技应该向善，产品应该让生活更美好。有些产品虽然商业上很成功，但是给用户带来了负面影响，在我看来就称不上真正的成功。洞察人性，就是要坚持"以人为本"的理念，深入理解用户的真实需求，让用户通过使用产品感到自我提升和成长。记住：**只有先成就用户，才能成就产品**。

在彩食鲜，销售人员每月都需要对账，因此对账系统成了一个标准产品。如果该产品能在 3 分钟内准确完成对账，销售人员就能腾出更多时间挖掘客户、签单，从而获得更大的成功；如果该产品能实现无人值守、自动准确对账，销售人员将彻底摆脱对账工作，这样销售人员不仅能感受到工作效率的提升，还能体会到工作品质的改善。从公司角度来看，这也提高了整体运营效率。我们的 IT 团队正朝着这个目标努力，并已取得显著成效。

只要坚持契约精神和洞察人性这两个核心理念，你就能建立对产品的基本认知，在学习产品知识时也不会迷失方向。那么，理解了这两个核心理念后，我们该如何在工作中实践应用呢？我认为，有 6 个关键步骤值得关注。

▼ 实践产品思维的 6 步法则

看到这里，你可能会想："怎么什么都是产品啊？物流是产品、API 是产品、代码发布也是产品，这不是在偷换概念吗？"当然不是，我可以明确地说：一切皆产品。图 19-2 展示了实践产品思维的 6 步法则，实践产品思维是一个循环迭代的过程，强调持续改进和以用户为中心。

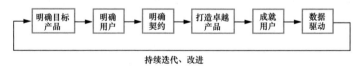

图 19-2　实践产品思维的 6 步法则

实践产品思维的第一步，就是面对所有工作时，都要习惯性地自问："我要交付一个什么样的产品？"你正在做的工作，甚至你的职业生涯，都可以视为一个需要打磨的产品。产品不仅仅局限于 APP 或手机。打造产品的关键在于你是否愿意关注这一切的长期价值，做时间的朋友。这一认知是产品思维逐步成熟的首要条件。

接下来，我们逐一解读 6 步法则中的其他 5 个步骤。

第二步是明确产品的用户究竟是谁。对外部产品而言，精准识别用户相对困难，这与公司的商业模式密切相关。但对内部产品来说，用户群体往往比较固定。你的用户可能是其他工程师、销售人员、财务人员，也可能是物流工人、司机。认识和了解这些用户并不难，真正的挑战在于：在设计流程、编写代码、进行测试时，时刻提醒自己"我的用户不是我自己"。多与一线用户交流产品体验，即使可能会感到沮丧或受挫，也必定会获得新的感悟，有助于提升同理心。

第三步，明确服务契约。要清楚地思考：你的产品为用户提供了什么服务契约？用户能通过产品实现什么价值？把这些写下来，并尽可能将其量化、具体化。以销售对账系统为例，我们的交付目标可以是"99% 的销售能在 3 分钟内完成对账，准确率达 98% 以上"，或是"100% 的销售使用无人值守、准确率 100% 的对账系统"。用数字构建契约，用 SMART 原则检验契约。

第四步，将产品打磨至卓越。社会、企业、组织都更青睐卓越的人和事，对"平庸"缺乏兴趣，产品也不例外。只有卓越的产品，才能推动你的个人成长。如果总是抱着"差不多就行"的态度，不如直接放弃。那么，如何在微观层面打造卓越产品？我总结了"三个一"思考法，即"一站一键一秒"——让用户在一个界面，点击一个按钮，一秒内达成目标。这样的产品必定能让用户感到出色，这就是产品的价值所在。当然，"一站一键一秒"仅是微观视角下打造产品的原则。要打造完整产品，需要不断组合这些微观能力，反复优化，最终与公司的商业模式、战略方向协同，使产品具备行业竞争力。

图 19-3 用流程图的方式概括了"三个一"思考法的核心：用户在一个界面，通过一次点击，即可快速达成目标。

| 用户进入操作界面（一站） | → | 点击按钮（一键） | —— 一秒内 → | 达成目标 |

图 19-3 "三个一"思考法

第五步，习惯于成就用户，始终以人为本。在 IT 研发中，常常存在更省时、更省力的捷径，但这些方案未必对用户友好。技术人员要谨记：产品设计应该以用户价值而非技术方案的优劣为首要驱动力。产品打造要以人为本，持续寻找价值、匹配价值，成就用户。

第六步，关注数据，持续完善。产品迭代必须依托数据，要思考如何用数据衡量产品的卓越程度、价值增长，用数据打造伟大产品。

最后，大道至简。培养卓越的产品思维并不复杂，这 6 个步骤都很直观。建议你学习后立即行动，在工作中实践、思考、总结，形成自己独特的产品思维，并持续学习、学以致用、终身成长。

▼ 成长寄语

这一课探讨了培养产品思维的关键认知和方法。遵守"契约"能打造出 90 分的产品，而通过以人为本、洞察人性、遵循"一站一键一秒"原则等，则能打磨出卓越的产品。没有产品导向的项目建设就像没有灵魂的躯体，注定流于平庸。产品思维的本质是一种长期的利他主义思维，设计任何产品的出发点都应该是让用户的生活变得更美好。

利他即是利己。你要明白，自己的努力对社会是有价值的——这样的人生才会越来越充实、越来越有意义。作为 IT 从业者，10 年、20 年后，我们能为世界留下什么？我认为，首先应该是属于自己的卓越产品。我常常想象，多年以后，我可以自豪地告诉子孙："看，我做的这些产品让很多人的生活变得更美好了。"

人生路还很长，你怎么就断定自己无法打造出一个现象级的卓越产品呢？只要坚持长期主义，这个目标完全可以实现。我始终认为，这种追求是激励一个人持续克服困难的最大动力。

我常说，人生是一场修行。选择一个职业，在其中经历磨难，领悟人生的道理，最终都能殊途同归。建议你多花时间去细细品味这个道理，因为那种融会贯通的感觉确实美妙。最后，祝愿你能不断打造出卓越的产品。

▼ 本课成长笔记

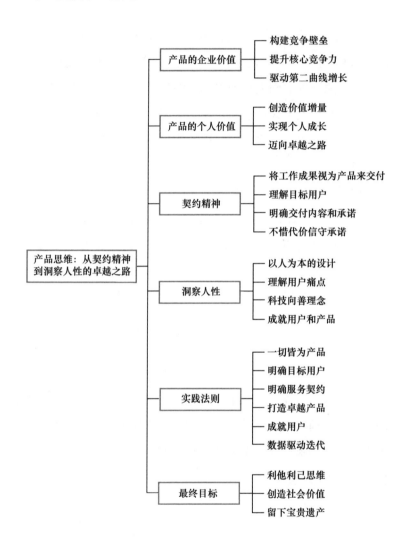

真正的高可用，意味着所有组成部分都必须具备高可用性。

高可用设计真正的敌人是"变化"。

20

高可用设计：
确保产品稳定性的关键策略

说起高可用设计，很多人会立刻想到"冗余设计"和"故障转移"这两个关键词。确实，这两个概念在与高可用相关的分享中经常被重点强调。"冗余设计"是通过集群替代单点服务，做好冗余备份。单点架构是高可用的大敌，而"把鸡蛋放在不同的篮子里"是朴实、有效的设计思路之一。"故障转移"则是为了缩短故障时间，确保故障发生时业务能快速恢复。

如果你对高可用设计非常熟悉，可能还会想到"CAP理论""异地多活""双机架构"等概念，并能详细解释它们的应用方法。这种能在大脑知识地图中快速检索并给出应对方案的能力确实是优秀的特质，也能帮你通过很多高难度面试。

但你是否想过，为什么自己在面试中对答如流，在实际工作中却会遇到很多高可用难题？为什么还是无法主导一家大型企业的整体架构高可用设计？原因可能是多方面的，如企业发展阶段特殊、实战机会不足导致个人资历不够，或者是部门配合度低、团队成员能力参差不齐、代码质量差等。这些问题在很多公司都客观存在。但我认为，最关键的原因是缺乏对高可用设计自顶向下的、透彻的理解和认知，因此在实践中常常迷失在技术细节里，难以把握架构全貌。

这一课，我们就来尝试通过一些简单的梳理，建立对高可用设计的完整认知。

▼ 高可用设计的本质: 全面性和连续性

在架构设计部分，我们讲过做好架构设计有两个关键步骤。第一步是将 IT 系统从应用层到底层基础设施全部拆解为独立的应用模块（也称为"元素"或"组件"）。第二步是确保这些模块之间能充分协作，而不是孤立存在。这种协作是通过模块对外暴露的"服务"来实现的，我们也可以称之为"连接"。因此，架构实际上是由应用模块（元素）和服务（连接）共同构成的。

要实现架构的高可用，就必须确保所有元素和连接都是高可用的。这是一个非常重要的认知：**真正的高可用，意味着所有组成部分都必须具备高可用性**。哪怕只有一个元素或连接没有做高可用设计，都可能带来风险。图 20-1 展示了一个高可用的系统架构的组成。

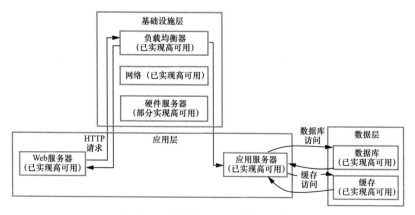

图 20-1 高可用的系统架构的组成

举个例子：如果公司规定每天必须按时上班，迟到就罚钱，你要如何确保自己的"出勤系统"高可用呢？这就需要全链条的高可用设计：准备两个互为备份的闹钟、确保衣物齐全、为堵车准备预案、保证能在高峰期挤上电梯……甚至还要保持身体健康，以免因病迟到。在这个例子中，即使闹钟可能不响、路上可能堵车，但只要你能始终按时打卡，整个系统就是高可用的。

更准确地说，高可用就是要保证"业务的连续性"——在用户视角中，业务始终能正常（或基本正常）地提供服务。听起来很难实现，对吧？确实如此。在实际工作中，大多数企业的架构设计都未能做到真正的高可用，原因主要有两个：要么是相关负责人根本没考虑过高可用设计，要么是实现全套高可用的成本过高，无论是资金还是时间都不足以支撑。

看到这里，你可能会说，乔老师传达的理念就是"trade-off"（平衡）。我不禁为你鼓掌喝彩——说得太对了。**在企业层面，很多难题不是"简答题"，而是"选择题"**。所以在第 17 课我们会先讲"架构决策"，再讲其他内容。

其实人生和职业生涯都是如此。如果所有问题都有唯一的正确答案，那就太简单了。很多教程虽然给出了所谓的"标准答案"，听起来很有道理，但实践时往往发现现实并非如此。作为成年人，我们必须清醒地认识到：人生这道选择题没有标准答案，我们能做的只是在不完美中寻找最佳方案，不断权衡取舍。

权衡与取舍：在资源限制下实现高可用

即使做出了最佳决策，风险依然存在。根据墨菲定律，如果事情有变坏的可能，无论概率多小，它终将发生。那么，作为企业架构的总负责人，要如何保证整体业务的连续性呢？一个通用的方法是“冗余设计”（我们在本章开头提过）。“集群”“分布式”等概念本质上都是在描述冗余设计。但冗余设计并非万能——它只能解决底层物理机器的单点故障，对于代码逻辑问题却无能为力。一旦出现严重 bug，整个集群都会受到影响。

在预算有限的情况下，如何尽可能提高系统的抗风险能力？作为架构负责人，应该怎么办呢？这里请你停下来，思考一分钟。

第一个解决方案是提供“降级服务”——当系统出现问题时，启用一个简化版的替代服务。这意味着，如果团队无法及时确保某个模块的高可用性，我们需要准备一个逻辑简单且稳定的备选方案，以维持服务的基本可用性。

以电商系统的物流时效产品为例：正常情况下，系统会根据用户所在地、仓库距离、配送能力等因素，精确计算商品的到达日期（如邻近区域当日送达、跨省隔日送达、偏远地区三日送达等）。但当系统因 bug 或配置错误而崩溃，导致用户在商品页、购物车或订单确认页无法获取物流信息时，我们可以启用一个简单的降级方案：由服务器端技术人员编写程序，统一返回“三日送达”的信息。在系统故障期间使用这个降级服务，待修复后再切换回正常服务。

你可能会说："这不是在欺骗用户吗？这也能叫高可用？"但这正是"降级服务"的精髓——在用户视角中，业务依然保持连续，只是服务的可靠性暂时降低了。对架构师而言，高可用和高可靠是两个不同的概念，但很多人常常把它们混为一谈。

在理想情况下，我们既要保证高可用又要保证高可靠；但当问题发生时，高可用是第一优先级，高可靠是第二优先级。这是一个关键认知。在不同领域中都有类似的实践。以流媒体领域为例，当用户观看直播遇到严重卡顿时，许多企业的首要应对措施不是查看服务器日志，而是自动降低视频码率。因为对用户来说，画质下降总比完全看不了要好得多。

如果"降级服务"仍然无法解决问题，该怎么办？答案是启用"熔断服务"，将出现 bug 的模块从系统中"熔断"。即使用户看到物流系统的错误提示，整个业务系统仍能正常响应，这样避免了一个系统的 bug 影响全局。

让我们总结一下：实现高可用，需要对系统的所有元素和连接进行全面设计。在物理实例层面，主要通过冗余和集群设计实现；在代码逻辑层面，则有多种实现方法。当资源和精力有限，无法实现全链路高可用时，可以通过"降级服务"和"熔断服务"来保障，优先确保高可用，其次追求高可靠。

需要注意的是，企业中某些核心服务是不能降级的。对这类服务，必须通过严格的研发流程管理来确保其高可用和高可靠。一个称职的技术管理者应该能准确识别这些核心服务，并带领团队重点保障。

高可用，不只是“设计问题”

在我的职业生涯中，两次生产事故让我印象格外深刻。一次是机房停电，另一次是知名开源软件 ZooKeeper 出现严重 bug（几年前的一个版本中，连接数超过阈值就会停止服务，不知现在是否已修复）。这两次事故发生时，我都焦头烂额，甚至几天几夜无法入睡。它们一个是底层物理实例的问题，另一个则是代码逻辑的问题。对你来说，代码逻辑导致的系统故障可能更为常见，毕竟机房停电、爆炸、地震的概率相对较小。

如果我们仔细审视代码逻辑导致的系统“不可用”问题，就会发现高可用设计真正的敌人是“变化”。试想，如果生产环境保持不变——不发布新版本、不修改配置文件、不修改数据库脚本，系统很可能会一直稳定运行。（你可能会说：“老乔，服务器压力激增也会导致问题啊。”但这属于架构设计中“流控”设计的范畴，通过合理的容量规划，流量控制问题是容易解决的。）

在这种情况下，生产环境的版本发布就成了一个影响巨大的变量，很可能严重影响系统的可用性。就版本发布而言，你需要关注研发管理的 3 个关键点：

（1）记录系统的每一次发布和变更，包括发布的系统或组件以及发布时间；

（2）确保能随时定位任意时间段内的所有元素和发布行为，包括代码、配置文件、SQL 脚本和设备参数修改等；

（3）发布过程中确保业务不受影响，保证所有发布都可以回滚，特别是在发布大版本时，要能精确识别回滚单元，实现秒级回滚。

做到这 3 点，你就可以在上午 10 点发布新版本，完全不必等到半夜了。

▼ 风险防范，从开发到生产的全流程管理

当然，频繁回滚并非长久之计。作为研发组织，我们还需要从另一个角度来提升系统的抗风险能力。这里，我想请你思考两个问题：代码逻辑导致的系统风险是如何进入生产环境的？生产环境出现严重故障真的毫无征兆吗？

首先回答第一个问题，风险是经由开发环境、SIT（System Integration Test，系统集成测试）环境、压测环境、PRE（Pre-Production，预生产）环境，最终进入生产环境的。因此，我们必须严格检查各个环境下的异常。研发管理规范应该为代码版本进入下一环境设置准入标准，确保每个异常都有负责人进行修正。如果某个异常经评估后被放行，审核者需要对此负责。图 20-2 展示的是风险在软件开发的生命周期中是如何从开发环境逐步流向生产环境的，以及每个阶段的测试和验证是如何帮助降低风险的。

第二个问题的答案显然是否定的。就像人在生病前会出现各种生理预警一样，系统 bug 在导致生产故障前，往往也会显现出各类异常信号。我们要做好监控并认真处理这些信号。

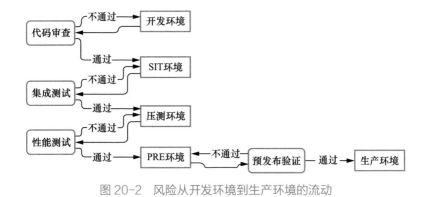

图 20-2　风险从开发环境到生产环境的流动

　　说到这里，我想谈个题外话。每年都有猝死事件发生，令人痛心。希望大家能关注自己的身体健康，重视身体发出的警告信号。爱自己、照顾好自己，才能爱家人。只有及时关注健康并采取措施，才可以避免猝死。

　　回到正题。在极少数情况下，严重 bug 可能潜伏在生产环境中，一直未被触发。一旦触发，就可能导致系统"暴毙"。就像我之前提到的 ZooKeeper 案例，当连接数超过阈值后，系统突然崩溃，让所有人措手不及。面对这种情况，某种程度上只能接受现实。我常说，人生中运气也很重要。如果已经尽了最大努力还是出现问题，要学会接纳自己，把运气不好当作成长路上的经验教训，这才是真正的成长思维。渴望完美、追求进步固然可贵，但也要学会接纳不完美的自己。

　　开源软件确实存在一定风险，但它代表着软件研发行业的主流趋势。既然免费使用了别人的软件，承担一些风险也在情理之中。因此，我仍然允许团队使用开源代码，只是在那次事故之后增加了一项要求：引入开源代码的技术人员必须通读并掌握其源码。

此外还有很多研发管理要点，如代码 Review 文化、DevOps 等，这里不再详述。关键是要认识到，真正为业务负责的高可用设计不是画画框图就能实现的，而是需要面向整个 IT 组织进行系统性设计。

▶ 成长寄语

高可用设计意味着"Design For Failure"，最重要的是让我们做产品时没有后顾之忧。如果后院天天起火，研发团队每天胆战心惊，"将产品打磨至卓越"也就无从谈起了。所以，做好高可用，本质上就是在实践"慢就是快"的理念。

如果你仔细揣摩以上内容，或许会发现：虽然我们不能保证所有服务都高可靠，但我们可以保证所有服务都高可用。关键在于，所有的元素和连接都要经过设计。任何未经设计的元素和连接，往往都是不可靠的。每个要达到的目标都必须量化，每个量化的目标都是一个契约，需要契约精神，每个契约都要落实到具体设计中。没有设计的内容，怎么可能如你所愿？更何况，你的"所愿"究竟是什么呢？从这个角度看，做一名卓越的架构师虽然是苦差事，但也充满了乐趣。

你可能会问："老乔，那我学的 CAP（Consistency, Available, Partition tolerance，一致性、可用性、分区容错性）理论、异地多活还有用吗？是不是都白学了？"这些当然有用，但它们都有具体的使用场景限制。例如，CAP 理论在分布式基础设施层有应用价值，但在应用层就受限了——很多人学完就忘，设计架构时该怎么做还是怎么做。至于异地多活，它已超出了国内大部分企业目前的业务需求。而且我认为，异地多活最大的优势在于提升架构的可扩展性和可维护性，而不仅仅是高可用。

学习，尤其是学习技术和管理知识，要有"功利心"。学完必须去实践，才能真正为己所用。我常说："持续学习、学以致用、终身成长。"太多人没能做到学以致用，才导致"学了也白学"。希望你在今后的学习生活中，能始终践行学以致用的原则，保持高速成长，坚持终身学习。

▶ 本课成长笔记

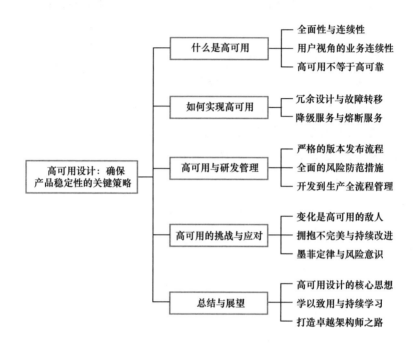

高性能设计，一切围绕着契约精神。

天下武功，唯快不破。

21

高性能架构设计：
以契约精神为核心

这一课，我们来探讨如何实现架构的高性能设计。之前我们提到，产品思维有两个核心关键词："契约精神"和"洞察人性"。高性能设计与契约精神密切相关，我将其总结为：高性能设计，一切围绕着契约精神。

你可能会问，高性能架构设计不就是支撑大流量、高并发的架构设计吗？与契约精神有什么关系？其实关系非常紧密。高性能本质上是与具体业务强相关的。举个例子，对一台网络游戏服务器而言，支撑400名玩家同时在线就算高性能；而对一台流媒体服务器来说，支撑10000名用户同时在线观看才算高性能。虽然具体数据可能不够准确，但这个逻辑是成立的。

在实际业务场景中，我们还需要考虑其他技术指标。例如，游戏服务要关注连接稳定性，视频服务则要关注延时等。现在我们已经理解了性能与业务的关系，接下来就让我们深入探讨如何进行高性能设计，同时加深对契约精神的理解。

▶ 契约精神是高性能架构设计的基石

首先，高性能设计可以分为两个步骤：明确定义性能目标，以及设计并实现这个目标。

高性能架构设计的性能目标通过 3 个指标来定义：

（1）系统响应时间（包括服务处理时间和网络响应时间）；

（2）系统吞吐量（每秒交易量及相关并发量）；

（3）系统容量（可用资源数量，如硬盘容量和网络带宽）。

这 3 个指标密切相关，不能孤立对待。例如，系统响应时间必须与吞吐量关联考虑，否则在流量高峰期可能难以达到预期目标。因此，在架构设计时，我们需要先识别哪些组件需要高性能指标，再针对这些组件明确定义上述 3 个指标。

此外，对于系统响应时间，还有一个更直观的监控指标，叫作"Top 百分数"（Top Percentile，TP）。例如，TP 90 = 2s 意味着 90% 的请求响应时间都在 2s 内；TP 99 = 2s 则表示 99% 的请求响应时间都在 2s 内。我们常说的 RT = 2s 指的是平均响应时间，虽可作为参考，但实际意义有限。我个人一般会重点关注 TP 90 和 TP 99 的数据。

当我们明确了 TP 90 或 TP 99 这类系统响应时间指标时，就等于确立了一个交付给用户的"契约"。守住这个契约，就能保证高性能设计。但我们需要进一步思考：这个契约究竟意味着什么？

经验不足的程序员或架构师往往存在侥幸心理：如果系统在业务低谷期满足了性能指标，就意味着它在任何场景下都能满足这些指标。让我们换个角度来描述这个高性能"契约"：系统承诺在任何情况、任何资源状态、任何压力高峰下，都能保证 TP 90 = 2s。这样表述是否让你感受到了不同？契约似乎变得更严苛了，光是读出来就让人心生压力。

其实，问题的根源在于这个契约从一开始就不够明确、清晰和具体。注意，我们还没有谈到架构设计和研发能力，问题就已经显现了。工作中的许多困扰，往往不是源于团队缺乏设计能力，而是源于契约本身的模糊不清。团队不可能实现和维护一个虚无缥缈的目标。这就是为什么我常说："高性能设计，一切都要围绕契约精神。"接下来，我们将重点讨论如何将契约描述清楚。

▼ 明确且有上限的契约才能交付

在培养架构师的过程中，我发现他们在做高性能设计时，往往会这样描述性能契约："该架构最高支持 200 万并发流量，TP 90 = 2s。"表面上看，这个契约似乎没问题，但仔细思考就会发现：对第 1 名连接服务器的用户，我们承诺 TP 90 = 2s，但对第 300 万名用户呢？这个契约就变得模糊不清了。

高性能设计最重视系统响应时间的一致性，特别是在并发量和吞吐量发生变化时。因此，一个理想的契约应该是：保证设计流量内的用户 TP 90 = 2s，超出并发限制的用户则暂时不在契约承诺范围内。

要实现这样的契约，我们需要通过 4 个步骤来设计。

第一步，确保服务器并发用户在 200 万以内时，TP 90 = 2s。

第二步，当并发用户超过 200 万但未达到 250 万时，保证现有 200 万用户的 TP 90 = 2s，同时拒绝新用户连接。

第三步，为超出容量的用户提供明确的排队机制和系统提示。

第四步，在 3 分钟内完成扩容，确保并发用户在 250 万以内时，所有在线用户的 TP 90 = 2s。

　　图 21-1 展示了契约的构成。这样的契约才是可执行的：无论流量如何波动，系统都能保证 200 万用户的 TP 90 = 2s。在高峰期，超出的用户会被引导至排队系统，而系统能在 3 分钟内扩容到支持 250 万并发用户，并保证服务质量。这不仅是技术契约，更是对业务需求的精确表达。

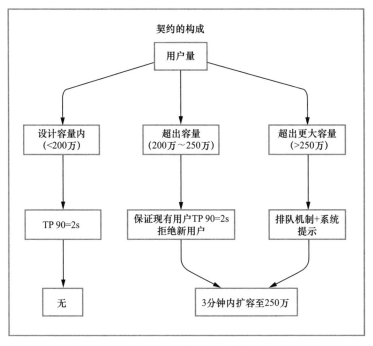

图 21-1　契约的构成

　　许多架构师在设计时没有设定上限，他们过于乐观地认为流量不会剧烈波动。这对用户来说无异于一张空头支票。因此，**高性能设计必须明确目标并切实交付。** 没有清晰的目标，就无法进行有针对性的设计，更不用说实现高性能架构了。在确立了清晰的目标后，我们就可以开始探讨如何设计和落地高性能架构了。

▼ 实现高性能架构的三大支柱

高性能架构实现起来并不复杂，主要有 3 个关键工作：为架构做好"保护系统"、使架构具备扩容能力、提升系统各组件的处理能力。

保护系统主要通过流量控制来应对超出容量规划的过载情况。流量控制指的是在实际并发压力超过设计性能时，主动阻断服务器连接，并告知用户需要排队或"稍后再试"。以网络游戏为例，流量控制是一项基础设计，几乎所有服务器都配备"排队机制"。

流量控制有两种实践方式：一种是基于连接数控制，让用户在持续尝试连接时有成功机会；另一种是基于用户数控制，让用户获得明确的系统响应——要么可以登录，要么不能登录。具体选择哪种方式要根据业务需求来定。至于扩容能力，则需要储备额外的计算资源，同时具备快速弹性扩容的能力。

你可能会问，既然已有计算资源，为什么不提前扩容呢？有经验的人都了解其中的"隐情"：常规的系统扩容往往早已完成，架构设计真正缺乏的是应急手段。毕竟，不能不计成本地为每个系统都预留应急扩容资源。一个稳健的企业不会允许这样的开销。

关键在于扩容速度。扩容是需要一小时、一分钟还是一秒完成，差别巨大。"天下武功，唯快不破"——即便架构设计有瑕疵，只要响应足够快，往往就能解决问题。无论选择公有云还是私有云扩容，这个目标都是一致的。

想象这样一个场景："双十一"到来，你通过监控平台发现在线用户快速增长至 200 万，流量控制开始生效，新用户进入排队序列。你思考 3 秒后作出决定：系统需要扩容。轻轻输入数字，按下回车键，3 秒后排队序列消失。你对旁边的人说"继续监控"，然后悠闲地端起茶杯离开座位。这种轻松的工作状态是完全可以实现的。

至此，我们讨论了契约和应急处理，也就掌握了高性能设计的"头"和"尾"。接下来，让我们简单谈谈"中间"部分：提升系统各组件的处理能力。在高性能设计中，每个组件和服务都需要明确目标，进行设计、评审和测试，确保满足性能需求。对架构负责人而言，性能设计必须尽早开始，具体工作包括需求早期收集、容量分析估算与建模、技术研究设计、开发、跟踪测试计划执行、风险与绩效管理、实时监控与容量管理等。看起来有些多，但它们大多属于标准化的研发管理流程，这里列出来仅供参考。实际执行时，需要根据具体的业务和企业情况做调整。

其中，有一点需要额外注意，我们称之为"对系统资源的争抢问题"。对于一个组件或服务，如果并发压力增大而响应时间保持不变，则意味着在请求处理过程中没有发生资源争抢和排队。相反，如果响应时间随着并发压力增大而变长，通常表示这些请求引起了系统资源争抢。

对于无状态的服务，理论上可以通过集群扩容来无限提升系统的并发处理能力，这是一种简单、直接的解决方案。但对于有状态的数据服务（如缓存或数据访问），则必须考虑资源争抢问题，并进行有针对性的设计和处理。

因此，高性能架构在设计落地时，一个重要任务就是发现可能出现资源争抢的组件，并逐一进行隔离。谈到"隔离"，在架构维度有两种方案：一种是在应用层面进行隔离，即从业务功能层面开始隔离；另一种是在基础软件层面进行隔离，如数据库的"读写分离"就属于这种方案。对应到具体的实施方法上，有 3 种主要的隔离技巧。

- 缓存机制：适用于特定场景，能有效解决数据库资源争抢问题。

- EDA（事件驱动架构）：适合处理耗时较长的代码逻辑，需要提前规划模块的同步与异步处理方式。

- 预处理机制：通过以空间换时间的方式提升性能。

这些只是常见方法，你可以继续探索更多解决方案。

完成隔离设计后，我们需要注意提升架构的可扩展性。具体方法可以参考第 18 课，在此不再赘述。

现在，让我们回顾高性能设计的 3 个核心步骤：

（1）为架构做好"保护系统"——确保有效的流量控制；

（2）使架构具备扩容能力——储备计算资源并提高弹性扩容速度；

（3）提升系统各组件的处理能力——识别并解决高并发下的资源争抢，同时保持架构可扩展性。

最后，我们要特别关注测试环节。虽然你可能在预发布环境进行过压测，但实际业务的复杂度往往超出预期。对此，业界普遍采用“全链路生产压测”方案，即在生产环境中准备数据并进行压测。**一个系统只有通过了全链路压测，其性能表现才较为可信。**

成长寄语

从我的角度来看，技术行业发展到今天，基本不存在太多技术挑战了。如果你能将业务问题抽象为技术问题，那么无论是寻求同事帮助，还是通过 Google、看书、付费知识平台学习，都能解决你的疑惑。因此，当你厘清高性能架构设计的整体思路后，困惑和焦虑就消散了。至于数据库设计、缓存设计、队列使用等技术细节，我认为都不是问题。关键在于守住契约，按照我们本课讲述的 3 个步骤落地实施。

过去几年，我在多个企业中建设高性能的 IT 系统架构，使用的正是本课所讲的这些方法和思维框架，这些系统架构很好地服务了用户。我个人感觉，这个过程相对轻松。值得注意的是，如果有充足的时间且严格落实，系统确实不会出现高性能问题。但现实往往是团队缺乏时间做完整的高性能设计，没有预算进行全链路压测，这就埋下了隐患。在这种情况下，我建议相关负责人识别最关键的服务，有针对性地进行设计和测试，确保关键服务稳定运行，同时为非关键服务提供降级和熔断机制。

另一个常见问题是，企业决策层将高性能设计问题与技术问题混为一谈——表面上看是技术能力不足，实则是契约和设计没有做好。记住，任何复杂问题都可以被拆解为简单问题，关键是要拆解得足够细致。这种思维能力是技术人的安身立命之本。

▶ 本课成长笔记

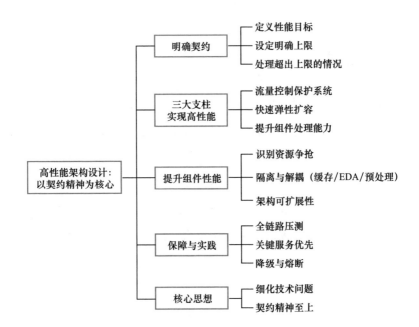

仅从技术维度思考是远远不够的。

既要面向不确定性，又要善于从不确定性中找寻确定性。

22

扩展性设计：
超越技术，看透业务本质

提到扩展性设计，你可能首先会想到业务拆分、集群扩容等技术方案。这些确实能增强系统的扩展性，但仅局限于架构和技术层面。我的下属常常兴奋地向我描述他们实现了一个高性能、高扩展性的系统。我总是回应说："你说得对，然后呢？"这个问题背后的含义是：对于追求成长的技术人来说，仅从技术维度思考是远远不够的。这样只能让你胜任当前工作，却无法达到卓越。一个追求卓越的技术人应该思考：我的工作如何促进业务发展？我的产品如何帮助用户变得更优秀？如果对业务和用户没有帮助，再多的技术工作也是徒劳。

在职业生涯早期，工程师因技术进步而获得领导赞赏是很自然的，因为那时主要任务就是写好代码。但如果三五年后仍把全部精力放在技术细节上，就该警惕了。许多读者会询问类似的问题："乔老师，我是一名工作了 7（或 15）年的技术总监，现在感到很焦虑，该如何突破职业瓶颈，继续成长？"

我的答案可以概括为：让自己变得专业，专业才能成就卓越。这里的专业不仅指技术精进、编码速度提升，更重要的是在架构设计、团队管理、业务发展等方面都达到专业水准。只有专业，才能打造优质产品，成就用户，推动公司业务发展。

回到本课的主题——扩展性设计，我们要思考：什么样的扩展性设计才算专业？显然不能只会扩展集群、提出服务器采购需求。扩展性设计是为支撑业务快速发展而生的概念，目标是确保在企业不同发展阶段、业务复杂度相近的情况下，业务上线所需的研发时间不会大幅增加，甚至基本保持不变。本质上，扩展性设计就是针对业务不确定性进行设计。

因此，要做好扩展性设计，设计者需要具备企业发展的全局视角，从业务发展角度出发，倒推 IT 建设的完整链条，再针对链条中的具体节点开展设计工作。这听起来是项宏大的工程，可能会让人望而生畏。但别担心，接下来，我们会逐步拆解，学习如何做好企业级的扩展性设计。

▼ 企业级扩展性设计：4 个关键层面的思考

企业级扩展性设计需要自顶向下，从公司战略目标出发，逐步落实到产品建设、应用架构和技术架构。

要做好企业级的扩展性设计，你需要培养 CEO 式的思维方式，首先厘清一条重要的思考脉络。正如前文所述，无论是高可用、高性能还是扩展性设计，出发点都应该是业务发展。因此，这条脉络的第一个节点是企业的年度或季度业务发展目标。

那么，企业靠什么支撑业务的发展和增长呢？如果你认真学习了前面的课程，答案显而易见——产品。这就是第二个节点：企业级产品建设。产品是一种顶层设计，需要由众多应用和业务组件在底层支撑。因此，第三个节点是企业级应用架构设计。而应用架构又需要众多技术组件提供基础能力支撑，这就构成了第四个节点：企业级技术架构设计。

这 4 个节点最终都需要人来实现。因此，我们还要考虑组织的人才梯队建设，包括 A/B 岗配置、同赛道竞争机制等。将团队纳入设计后，还要关注协同效率，确保业务增长和团队扩张不会带来协作障碍。这些都属于团队管理范畴。

听起来很复杂？其实不然。简单总结一下，企业级扩展性设计的 4 个关键节点如图 22-1 所示。

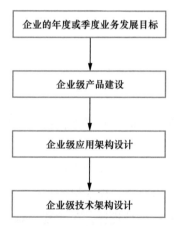

图 22-1　企业级扩展性设计的 4 个关键节点

此外，我们还需要考虑团队管理的两个关键方面：人才梯队建设和协同效率提升。如果借用云计算领域的概念来类比，产品建设类似于 SaaS、应用架构设计类似于 PaaS、技术架构设计类似于 IaaS/PaaS，它们共同构成企业的核心能力，在团队管理的支撑下，推动业务持续发展。企业级扩展性设计的 4 个节点就像一张"寻宝地图"。接下来，让我们一起探索如何通过这张"地图"来实现扩展性设计。

▼ 保证企业的年度或季度业务发展目标聚焦

制定企业的年度或季度业务发展目标时，需要在企业战略和商业模式确定的前提下，充分考虑市场竞争情况，确定目标优先级，明确每季度的具体工作目标。在这个过程中，我们最需要关注的是节奏问题。什么是节奏？从企业发展角度来看，虽然各方面能力都需要提升，但提升顺序不同，节奏也就不同，最终效果会有很大差异。因此，做好战略规划至关重要——要仔细分析各个战略步骤之间的依赖关系、重要性和紧急程度，从而确定最佳执行顺序。

在进行扩展性设计时，如果外部环境或创始团队的认知发生变化，企业往往需要调整业务发展目标，各团队也要随之调整。对于每个季度的具体目标，必须做到清晰、聚焦且上下对齐。关于如何提高战略执行效率，大家可以回顾第 7 ～ 9 课。另外，虽然初级、中级管理者可能无法像 CEO 那样深入理解业务发展目标，但一定要努力去理解和沟通，每季度都要主动与企业目标对齐。记住，对目标理解得越透彻，对自己的工作和成长就越有帮助。

▼ 用业务发展目标指导产品建设

确定了业务发展目标后，在规划产品建设时，团队可以通过

3 步做好扩展性设计：第一步，运用架构思维将产品拆解为功能模块；第二步，针对每个模块用穷举法思考扩展可能；第三步，以 ROI（投资回报率）为出发点，对所有可能性进行收敛，确定最终要落实的扩展性设计。关于第一步，我们不再展开详谈，可以参考第 18 课的具体内容。对于第二步，相关负责人可以根据市场趋势或竞品进行头脑风暴式的穷举。第三步最为关键，收敛不足会导致产品臃肿、过度设计；收敛过度则会使产品缺乏扩展性。

图 22-2 展示了产品建设并非一蹴而就，需要遵循"模块化拆解—穷举扩展可能—ROI 驱动收敛"这 3 个步骤。

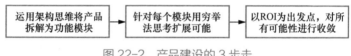

图 22-2　产品建设的 3 步走

ROI 的准确计算是一个重要课题，这项工作通常由产品经理负责。在技术管理领域，我们可以简单地将 ROI 理解为"收益 / 投入"。业务人员往往关注收益而忽视投入，技术人员则相反，更重视投入而不太关注收益。产品经理需要在两者之间找到平衡，综合考虑。这三方人员的业务思维越好，产品需求的收敛工作就能完成得越快、越好。这也是为什么我们强调 IT 团队要懂业务，同时业务人员也要培养产品思维，最终实现业务、IT 一体化。

产品建设既要从业务侧收集需求、完善产品，还要让优秀的产品经理帮助业务人员筛选客户、确定产品方向，两者相辅相成。以生鲜类 To B 产品的报价系统为例：一个缺乏扩展性思维的团队可能直接开始编码，而具备扩展性思维的团队会思考不同地区的差异化需求。例如，北京需要与对标对象 A 比价，福州则可能需要与对称对象 B 比价。因此，我们可以将价格比对功能模块抽象为对标对象设置、对标商品映射、价格设定规则（上浮或下调）、对标周期等，从而满足全国各地区的价格比对需求，支持业务快速发展。

产品的扩展性很大程度上取决于产品经理的业务思维和抽象能力。当产品设计做得好时，应用架构的设计工作也会随之简化。说完业务目标和产品设计，我们来到扩展性设计的第三个节点：企业级应用架构设计。这里需要重点区分架构设计中的确定性与不确定性两个概念。

▶ 扩展性设计，应对不确定性

笼统地讲，任何业务架构都存在确定性和不确定性的部分，但两者并非恒定不变。确定性部分可能无法适应业务的演进和发展，因此需要大量改动，变为不确定性内容；而不确定性部分，随着时间推移，也可能逐渐固化为产品能力，转变为确定性内容。

企业级应用架构设计包含 4 个体系：交易、协同、监控指挥和生产。这是一个基本的拆分思路，从顶层到底层都适用，关键在于持续细化拆分。

以生鲜行业的 To B 产品为例，查询、下单、发货、签收这些固定业务流程属于确定性部分，归属于交易体系。交易体系采用 SOA 来处理这些确定性问题。但实际业务中常有意外发生。例如，客户下单 500 斤白菜，但发货时仓储系统显示库存不足，无法按原计划发货。此时，预设的服务流程被打断，企业会安排客服与客户沟通："抱歉，白菜只剩 300 斤了，剩下的 200 斤能否换成芹菜呢？芹菜很新鲜的！"这时需要采购、销售支持和销售人员与客户沟通，确定最终的商品种类和数量。这类协同问题充满不确定性，比交易体系更容易随企业管理优化而变化。协同体系采用 EDA 处理这些不确定性问题，并需要与交易体系集成。

所谓不确定性部分，其实正是业务架构扩展性设计的核心。交易体系和协同体系的分离等同于分离了业务的确定性和不确定性部分，因此非常有利于业务功能的扩展。分离并不意味着完全无关，我将交易体系和协同体系的集成点称为 CP（Control Point）。任何一个 CP 都需要被监控、分析和控制，这就构成了企业的监控指挥体系。监控指挥体系与企业管理密切相关，是企业数据化管理的重要抓手。它可以分为监控、分析、洞察、控制四大功能，包含了大数据和 AI 相关的技术内容。

如图 22-3 所示，交易体系和协同体系的数据和控制信息流向 CP，CP 再将信息传递给监控指挥体系和生产体系，形成一个闭环。

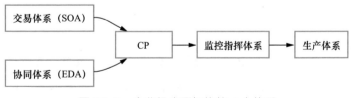

图 22-3 企业级应用架构的 4 个体系

监控指挥体系解决了企业的诸多问题，但如何保证产品高效地迭代和优化呢？这就是生产体系要解决的问题——企业研发管理的速度问题。我建议技术管理者引入流水线式设计思想，降低开发人员和测试人员的工作复杂度。将研发流程视为一条流水线，代码开发完成后，工作应自动流转，无论情况正常还是异常都能自动转给对应人员处理。这涉及 CI（持续集成）、CD（持续交付）、CO（持续优化）的内容，虽然这里不展开详述，但这些内容非常重要。

完成应用架构层面的扩展性设计后，我们来到第四个节点——企业级技术架构设计。其关键在于不要重复造轮子，至少不要在企业层级重复造轮子。"局部最优，整体很差"的情况往往源于重复造轮子。要实现技术架构体系中的各个技术平台，可以通过两步走：对于非核心系统，在需求匹配的情况下，建议选择购买套装软件或云服务；对于高度定制化的企业核心系统，即在核心价值链上提供服务的系统，则建议自研。图 22-4 所示的决策树可以帮助我们做出选择。

看起来很简单对吧？至此，我们已经分析完扩展性设计的 4 个关键节点。真正的扩展性设计与单一维度的技术问题无关，也不仅仅取决于某个人的架构设计能力——它是团队整体认知、博弈与决策的结果。这意味着，如果你想在公司内充分践行以上设计思想，就需要锻炼并掌握表达技巧，与领导、同事、下属保持充分沟通。这与组织管理能力息息相关，要着力改善技术人常见的"腼腆内向""不善沟通"等特征。

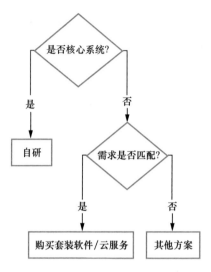

图 22-4　技术架构的两步走

▶ 成长寄语

这一课探讨了扩展性设计。真正优秀的扩展性设计建立在洞察业务本质的基础上，它既要面向不确定性，又要善于从不确定性中找寻确定性。值得注意的是，最有效的方法往往也是最简单的。举个例子，快速的研发本身就是一种扩展性——即便没有刻意做扩展性设计，如果团队能做到今天发现需求、明天就能上线，这样难道不好吗？确实很好，正如我们常说的"天下武功，唯快不破"。不过从长远来看，只有系统化的思维和解决方案，才能从根本上解决问题。

▶ 本课成长笔记

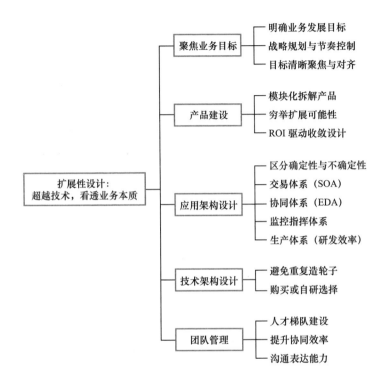

任何问题的存在都有其合理性。

产品的限制反映了当前的不足，而认识到不足正是进
步的开始。

23

理解产品的约束条件：
输入与输出限制

在实际工作中，你可能经常会承担一些难以按期交付，甚至无法完成的工作。这对个人成长来说是严重的问题。我常常向团队强调一个公式：认知到位＋彪悍执行＝成功交付，但这建立在对项目进行客观评估的基础上。否则，面对某些工作任务或产品需求，无论你多么努力，都可能无法保质保量地完成。

无法交付的原因有很多：可能是需求远远超出了团队当前的技术能力，也可能是需求违背了项目执行的客观规律。简单来说，若你订立了一个自己根本无法达成或风险极高的"契约"，最终不仅无法按期交付，还会损害自己的成长和信誉。当然，对公司而言，这也是最糟糕的结果。

举个夸张的例子：有一天，老板找到你说："小王啊，公司最近要自研一款分布式数据库，决定让你来负责项目实施，一个月能不能上线？"你心想："天啊，一个月时间太紧了，怎么可能？"老板看出你的犹豫，又补充道："小王啊，要抓住机会，好好表现啊！"你一听，想着不就是加班吗？于是咬牙应承下来。结果一个月后，项目不但延期，你还因长期加班累得半死。

再举个例子：公司要上线新产品，老板和产品经理规划了一艘"航空母舰"——功能极其强大、性能业界领先、UI 非常漂亮，还要求一个月内上线。结果几个月过去了，产品设计和研发处处受阻，上线时间遥遥无期。

这两个例子虽然有些夸张，但目的是便于理解。类似的情况其实每天都在各大公司上演，只是更加隐蔽，不易察觉。你可能会说这是"自知之明"的问题：没有金刚钻就别揽瓷器活，难道连自己能做多少都不清楚吗？但我要说，任何问题的存在都有其合理性。更进一步说，只要问题合理，就一定有专业的解决方法——那些专业人士总能确保自己不掉入陷阱。

在这方面，我们有一套专业的思考和解决方案，它不仅适用于架构设计，也适用于个人成长等，这就是"考虑限制"。在前面的内容中，我们已经触及了一些"限制"的思想。例如，高可用架构设计必须做好流量控制，否则"高可用"只是一句空话；产品设计则需要明确契约边界，而不是作出无限承诺。但对于限制这个概念，我们还需要更系统地理解和实践。接下来，让我们深入探讨如何运用好限制，避免产品陷入险境。

▼ 限制产品的输入与输出

首先，我们要知道，只有专业且"懂行"的人才能做好限制，这个道理在高可用、高并发、高性能等各个领域都适用。那么，如何才能变得专业，跨越从"不懂"到"懂"的鸿沟呢？这就要用到架构设计思维，第一步是做好拆解。

任何产品都有"输入"和"输出"两部分。作为产品负责人，输入是其他人对你的承诺；输出则是你对用户的承诺，即产品的对外能力，这往往受输入的重大影响。举个例子，当资金有限、服务器不足时，我们就无法承诺在 300 万并发压力下保证 TP 90 = 2s，只能在并发压力不超过 200 万时作出这样的承诺。

考虑输入限制时，我们需要重点评估两大维度：业务限制和技术限制。

如图 23-1 所示，产品的输入限制可以从业务限制和技术限制两个维度进行分析，每个维度都包含诸多具体的限制因素。

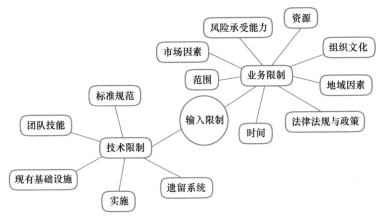

图 23-1　输入限制的两个维度：业务限制和技术限制

业务限制主要包括 6 类因素的限制。

（1）时间（time）、资源（resource）、范围（scope）这三大要素的限制。它们构成了产品最基本的输入，就像一个等边三角形支撑着产品的落地路径，如图 23-2 所示。时间和资源的含义很清晰，而范围则指产品的功能规划或能力边界。当范围发生变化时，时间和资源也必须相应调整。

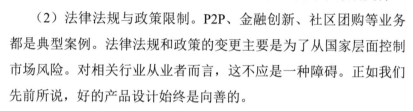

图 23-2　时间、资源、范围三大要素

在本章开头的例子中，把几个月的工作压缩到一个月完成，让一个人承担 10 个人的工作量，或者将产品范围无限扩大成"航空母舰"，都会导致这三大要素失衡。这三大要素一旦失衡，产品必定难以顺利交付。

（2）法律法规与政策限制。P2P、金融创新、社区团购等业务都是典型案例。法律法规和政策的变更主要是为了从国家层面控制市场风险。对相关行业从业者而言，这不应是一种障碍。正如我们先前所说，好的产品设计始终是向善的。

（3）组织文化限制。组织结构和文化会对产品的输入造成限制。这正是管理者需要聚焦"管理三板斧"、建立良好企业文化的原因——没有合适的组织，一切设计都将流于空谈。

（4）地域因素限制。地域差异会影响产品落地，虽然这种影响往往是间接的。例如，高技术壁垒的底层基础设施产品在三线城市孵化时常面临人才短缺的情况；而在上海则相对容易落地。这些都是客观存在的限制。

（5）风险承受能力限制。例如，薄利多销且过度依赖特定场景的业务，往往风险承受能力较弱。就像疫情给许多线下业务带来了毁灭性打击。

（6）市场因素限制。这需要我们时刻保持对市场动态的敏锐度，避免闭门造车。

除了以上业务限制，还需要考虑技术限制，主要包括 5 类因素的限制。

（1）遗留系统限制。企业在系统建设过程中会引入商业套件或自研系统。但由于数字化资产管理不到位，设计文档往往会缺失，负责人也经常变动。这导致后期人员难以对系统进行升级。遗留系统越多，后续迭代开发速度就越慢。因此，在新系统上线时，架构师需要重点完成系统的上下文架构设计，明确周边依赖关系。对于需要与遗留系统交互的组件或模块，更要格外重视。这些都是关键的限制因素，哪怕一个小环节出现疏漏，都可能影响整体工作推进。

（2）团队技能限制。团队成员的能力本身就是一大限制。当团队刚经历"大换血"时，新成员需要时间成长。如果要维持原有的产品输出水平，就必须在其他方面做出相应补充。

（3）现有基础设施限制。前面提到，企业的竞争壁垒来自产品，而 IT 基础设施本身就是产品。基础设施越强，团队能力就越强，输入限制就越少；反之亦然。资源扩容时间、数据服务访问复杂度、测试回归能力等都是重要的限制因素，会显著影响研发速度和质量。

（4）标准规范限制。随着企业 IT 治理水平的提升，企业级标准规范会逐步建立。这些规范虽是企业最佳实践的总结和规划，但也会对产品建设形成限制。例如，某些企业规定只能使用 Java 语言开发（即使精通 Java 的工程师较少），这也会构成输入限制。

（5）实施限制。企业在实施层面往往也存在诸多限制。例如，各类流程规定会限制研发时间，这些都需要在排期时考虑在内。

可见，产品从设计到落地，会受到众多输入限制的影响。如果忽视这些限制，必然影响交付，最终导致工作目标无法达成。

讲完输入限制，我们再来理解输出限制。输出即给用户的契约，我们在讲解产品思维和高可用设计时都有提及，要给出清晰、可量化、符合 SMART 原则的契约。这既可以理解为"对契约做限制"，也可以视为"让契约更明确"。

例如，在对系统进行容量规划后，架构师需要对超出处理能力的流量实施控制，这是一种明确的限制手段。再如，如果机房只有一根光纤，就不应承诺系统 7×24 小时高可用；如果生鲜产品需要早上 7 点送达目标企业，那么晚上 10 点后就应该停止接单。应该将这些限制都纳入服务契约中，与用户达成共识，做到一诺千金。设定明确的限制，是为了更好地服务用户，体现了对用户负责的专业态度。

▼ 产品迭代背后的项目管理：人员、时间、资源和范围

在实际工作中，每个技术人员都会通过项目的方式参与产品迭代。而做项目本身，就是一场关于"限制"的重头戏。你可能会想：做项目有什么难的？项目经理不就是每天催进度吗？这活我也能干。其实，项目管理是一门专业性极强的学问。许多项目表面上因意外情况而延期或取消，实际上往往是因为项目管理不够专业。

在项目组中，4 类角色至关重要：项目经理、产品经理、架构师和领域技术专家（如数据库管理员、分布式缓存专家、大数据专家等）。在大型项目中，这些角色可能分别由 4 人或更多人担任；而在中小型项目中，这些角色可能由一人同时承担——这意味着该

团队成员能力出众，可以胜任多重职责。如图 23-3 所示，这 4 类角色共同推动项目的顺利进行。

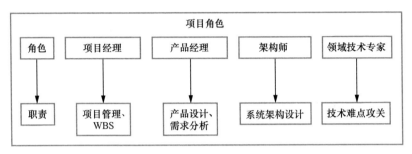

图 23-3 项目中的 4 类角色

项目的成败主要取决于项目经理，因为项目经理需要做好 WBS（工作分解结构）。项目落地过程中的节点监控、风险管理等工作都依赖于 WBS。WBS 遵循三大分解原则：一是将主体目标逐步细化，直至可分派给个人的具体任务；二是将每个任务分解到不能再细分为止；三是确保每项日常活动都对应具体的人员、时间和资金投入。如图 23-4 所示，项目经理将项目目标分解成可管理的模块、任务和子任务，以便更好地进行资源分配和进度控制。

现在，许多项目经理进行工作分解时，会召集所有相关人员询问各工作项的预估时间。模块负责人可能并不清楚具体情况，却秉持着"Timeline（时间线）要虚报"的心态，随意给出一个笼统的时间，如一个月、两个月。项目经理简单说声"好"，Timeline 就这样确定了。这种非专业的项目落地方式，不仅会导致项目时间失控、执行效率低下，长期来看还会引发业务各方、企业各层之间的博弈。老板可能会质疑："你们能不能更快点？是不是在'放羊'？"

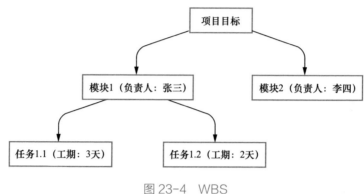

图 23-4　WBS

相比之下，经验丰富的项目经理在预估排期时，会追问每个模块负责人："为什么这些工作需要这么多天？有什么执行难点？"如果对方答不上来或缺乏相关项目经验，项目经理就会找有经验、有发言权的人继续追问："这项工作具体需要多久？原因是什么？有什么难点？"这看似简单的过程，实际需要扎实的专业能力支撑。

项目经理要做好任务拆解和确定依赖关系有两种方式：要么组织产品经理、架构师、领域技术专家一起分解任务，要么由一人身兼数职独立完成。WBS 制定后，产品经理负责用产品设计匹配业务需求，明确目标和流程；架构师负责整体框架设计，明确组件视图；领域技术专家负责解决技术难点。最后，开发人员和测试人员加入项目，解决具体工作量问题。

这一切工作都在输入输出的限制下进行，目的是确保产品不会因执行问题而违背契约。执行团队本身也构成了输入限制——当缺乏优秀的项目经理、产品经理、架构师或领域技术专家时，就需要相应降低输出预期。项目还受到时间、资源、范围等因素制约，执行时必须考虑这些限制条件。

项目本质上都带有不完美的特性——产品通过持续迭代最终趋于完美，但单个项目不可能一次性打造出完美产品。在项目执行时，理解并接受这一点至关重要。

延展思考：向上管理的限制问题

掌握了输入输出的限制，并做好了项目执行过程中的限制管理，就基本覆盖了产品从 0 到 1 的全过程。理论上，我们的项目应该能够稳妥前行，始终高可靠地履行契约。但现实往往不尽如人意，问题究竟出在哪里？

一个典型的情况是，项目经理在设定输出限制时，常常会遇到上层的压力。举例来说，项目经理要立项开发企业订单管理系统（OMS），考虑到企业基础设施一般、团队技术实力有限，因此承诺"3 个月上线 OMS"。但老板可能会质疑："为什么要这么久？一个半月不能完成吗？"这就引出了一个常见而棘手的问题：如何做好向上管理？

我们在前文中提到过，做好向上管理的首要任务是培养全局思维，与老板站在同一维度思考问题。单纯的沟通技巧只是辅助，不能解决根本问题。虽然很多人对此深有感触，但在实际沟通中，我发现大家的认知仍有偏差。全局思维的目的是对齐目标、统一语言，但具体表达时必须展现专业性。

当你认为 OMS 需要 3 个月上线，而老板希望一个半月完成时，你首先应该做的是运用专业知识和行业数据，清晰地阐述与 WBS 相关的思考和推理，努力让项目按合理节奏推进。其次，要从加快交付的角度出发，同时考虑团队疲劳度、凝聚力、激励措施等多重因素，与老板共同探讨解决方案。要像一个专业的 CEO 那样思考——把公司当作自己的，认真规划工作安排和 WBS 制定。

如果你觉得难以说服老板，那只能说明你的专业能力或表达能力还有待提升。这也是我评估中层管理者的重要标准：既要有专业能力，也要有出色的汇报能力——技术人员不仅要会做事，还要能专业地表达。

最重要的是要明白，培养全局思维、提升专业素养和表达能力的目的并非与老板在项目目标上博弈。我们真正要做的是通过更合理的实现路径，最终达成业务增长目标。除非你确实是不可替代的人才，否则在博弈中往往会处于劣势，反而影响个人成长。

▼ 成长寄语

这一课探讨了如何处理产品的限制，特别是输入、输出以及项目执行方面的限制。在架构设计、高可用、高性能等领域中，限制始终是一个核心话题。很多上进的读者可能会问："为什么要强调限制呢？只要尽力去做不就够了吗？结果如何都无所谓，反正已经尽力了。"

恰恰相反，正是因为有上进心，我们才更应该全力履行对用户的承诺。毕竟，结果对所有组织而言都很重要。产品的限制反映了当前的不足，而认识到不足正是进步的开始。在企业层面，限制意味着在特定发展阶段需要有所取舍，包括放弃某些用户群体。这种取舍能帮助企业更好地聚焦，促使我们从全局角度思考，确保与企业目标保持一致。

关键在于：立足当下，学会取舍；着眼长远，持续改进。至此，关于如何应对限制的讨论就告一段落了。

▼ 本课成长笔记

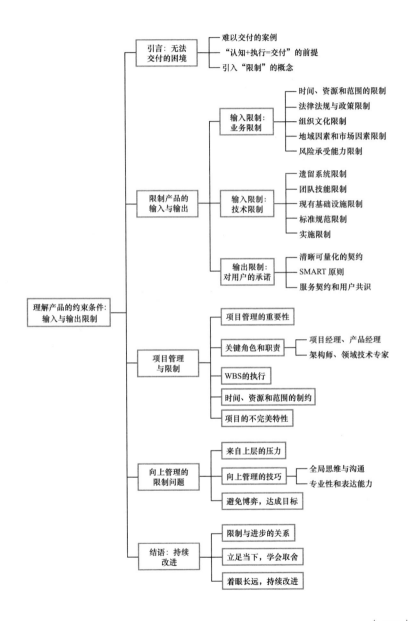

监控既要监视也要控制，没有控制的监视达不到目标，
没有监视的控制无法形成行动计划。

生产环境不是用来查找 bug 的场所。

24

监控系统设计：
构建全面可控的 IT 环境

这一课，我想和你聊聊如何做好监控系统设计。你可能会想，为什么要聊监控呢？做监控不就是在代码中按规范打印日志、记录告警和报错吗？许多企业也会收集分析这些日志，形成系统状态监控。如果条件允许，团队还可以使用各类服务器监控报警服务，看起来很简单，有什么好讲的呢？

其实在我眼里，这些只是监控的一部分，并非完整的监控系统。要深入理解监控，我们首先要问自己：为什么要做监控系统？这就像许多工作方法论强调的那样，做事先问目的——"start with why"。监控的目标是及时发现系统问题，快速采取行动，保持系统健康运行。

监控可以拆分为"监"和"控"来理解，分别对应"监视"和"控制"两种手段。例如，生产环境出现 bug 时，需要做好监视来定位问题；发现问题根源后，需要做好控制来正确响应。监控系统包括企业系统和企业业务的监控系统。如图 24-1 所示，系统监控的核心手段可以概括为监视和控制两个方面，监视侧重于信息的收集和展示，而控制则强调对系统的主动干预和管理。

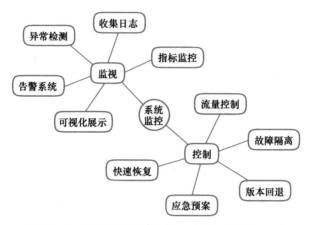

图 24-1　系统监控的两个核心手段：监视和控制

最令人无奈的是，研发人员知道系统出了问题，却无法定位；更糟糕的是，即使定位到问题，也无法控制，只能眼睁睁看着故障发生。这两种情况的结果其实差别不大，只是前者还能让人心存希望，后者则让人心如寒冰。

说到这里，不禁感慨：监控既要监视也要控制，没有控制的监视达不到目标，没有监视的控制无法形成行动计划。从业至今，我处理过很多因认知不足导致的系统监控问题。下面让我们通过一个典型案例来一起复盘。

▶ 小索引引发的大问题

这个案例发生在某天下班后——大约晚上 8 点，团队在生产环境中发现了一个异常。这是一个连接众多终端设备的程序出现的问题，表现为服务器 CPU 负载突然飙升。团队既无法恢复系统，也无法定位问题所在。十几位工程师陆续加入，分析问题，但两个小时过去了，监控系统依然显示 CPU 占用异常，事情毫无进展。产品负责人急了，向我求助并把我拉进了问题调查组的电话会议。

一进会议，我就问了一个关键问题："最近线上有什么版本变动吗？都回退了吗？"

团队回答说："都回退了。"

我毫不犹豫地说："不可能，一定没有全部回退。"我解释道，计算机系统是非常可靠的。如果代码在一台机器上能稳定运行，那么在外部环境不变的情况下，无论一周、一个月还是一年后，它都能继续保持稳定运行。你可能会说，老乔又在夸大其词，难道就没有意外情况？确实有，但在我近 20 年的职业生涯中，只遇到过一次（ZooKeeper 因虚拟机连接数过多而崩溃的事件，在"高可用设计"部分我们提到过）。这种情况可以说是"可遇不可求"，大多数时候都可以忽略不计。

果然，在我追问下，负责发布的人员承认，系统并没有完全回退到上一版本，而是按照研发人员的建议进行了选择性回退。真相大白，我立即要求他按照公司研发制度进行完整回退。然而，回退到上一版本后，系统仍然不正常。团队开始查看前端、服务端、数据库等各类监控数据，试图找出问题根源。我再次询问团队："真的都回退了吗？"团队可怜兮兮地回答："真的都回退了！"

我的回答是："不可能，鬼才信你们。"于是，我继续不依不饶地追问。终于，在我的"威逼利诱"下，有人一拍脑门，犹豫地说道："我在数据库里加了条索引，不过这肯定不会导致负载异常……"

还没等他说完，我就哭笑不得地打断了他："谈这些做什么？赶紧回退。"当这个改动回退后，一切立即恢复正常。最终，一个本应

3 分钟内就能解决的生产问题耗费了数个小时。幸好发生在业务低谷期，否则就可能酿成重大损失。在许多公司，相关人员几乎必定会受到处罚。

事后复盘时，我问团队："当我询问版本是否全部回退时，为什么不及时说明情况？"那人委屈地回答："我以为那条索引不可能造成这么大的问题……"

请注意，这个故事中的当事人并非经验不足的新手。公司也不是没有监控系统，相反还实现了可视化、图形化的监控。既然如此，为什么团队还会被一条小小的索引命令阻滞这么久？这确实令人困惑。而且，在参加全球技术领导力峰会（GTLC）时，我通过与其他同行交流发现，这种情况并非孤例，许多团队都经历过类似问题。这促使我深入思考：IT 团队的系统监控体系到底出了什么问题？

▼ 重塑监控思维，从查找 bug 到消除变化

当陷入思考的泥潭时，我们需要将思维抽离，站在更高维度探寻问题的本质。让我们暂且放下这个案例，重新思考监控的本质含义。如前所述，监控的目的是保持系统健康，通过监视和控制两种手段实现。简而言之，当生产环境出现问题时，我们要能发现问题所在，并具备相应的控制手段。

生产环境应急恢复最大的挑战在于根因分析——找到问题的根本原因，这往往最耗时。但如果缺乏控制手段，即使找到根因，团

队也只能干着急，或者期待系统自行恢复。

当生产环境发生异常时，大部分团队会如图 24-2 所示组织故障恢复。

（1）发现问题后，立即联系各相关系统负责人共同排查；

（2）要求一分钟内回复各自系统或服务是否健康（需明确定义"健康"，如响应时间增加是否超过 30%）；

（3）进行根因分析，确认问题源头；

（4）完成系统恢复。

图 24-2　传统的故障恢复流程

前两步挑战不大，关键在于第（3）（4）步。根因分析高度依赖分析人员的专业程度。随着企业规模扩大、系统复杂度提升，这一步往往会失控。我们还需要判断不健康状态到底是原因还是结果。

分析方法其实并不复杂。首先确认异常是外因还是内因导致。例如，服务响应慢可能源于外部调用量激增，也可能是内部进程争抢 I/O、内存、网络资源所致。做出这个判断需要充分调查。之后，无论是内因还是外因，都需要继续追查，直至完成系统恢复。

说到这里，我们不难得出结论：**生产应急保障体系的建设远比想象中复杂**。从系统复杂度到人员专业性，任何短板都会延长问题定位和根因分析的时间。这种传统的故障恢复流程显然存在重大隐患。那么，当生产系统出现问题时，我们是否只能坐以待毙？有没有一个不那么依赖团队专业水平的方法？答案是肯定的。我把它总结为两个关键点：流控和版本回退——简单、粗暴而实用。流控就是做好程序的并发流量控制，版本回退则是在生产环境出现问题时及时回到上一个稳定版本。

生产环境出现问题，根源通常只有两个字：变化。这些变化主要有 3 类：

- 外部用户请求量增大；
- 产品发布（包括代码、配置、SQL 脚本发布等）；
- 依赖资源变化（如计算、存储、网络基础设施性能下降，例如磁盘出现坏道）。

这样看来，故障发生时，我们未必要立即组织团队进行复杂的根因分析——那是系统恢复后的工作。相反，只要控制住服务的近期变化，就等于控制住了故障。换个思路，问题就豁然开朗了。因此，我们不妨将故障恢复流程修改为以下 4 条，如图 24-3 所示，它强调问题定位和消除变化并行（例如，版本回退或流量控制），以便更快地恢复系统。

（1）发现问题后，立即联系各相关系统负责人进行共同排查。

（2）要求所有人在一分钟内回复自己负责系统的健康状态（需明确定义"健康"，如响应时间增加是否超过 30%）。

（3）同时组织两批研发力量并行工作：第一批继续跟进问题定位和调试；第二批负责消除变化，包括对变更模块进行回退，对高负载模块启动流控。

（4）完成系统恢复。

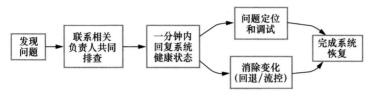

图 24-3　改进后的故障恢复流程

这种方法降低了故障恢复对团队专业性的要求。我们只需确保每个组件都具备两个基本手段：流量控制和版本回退。看似简单，却很有效。在 IT 行业，专业团队的工作不该过于复杂；如果工作变得特别复杂，往往是因为负责人缺乏专业素养。正所谓"大道至简"。

关键在于，**生产环境不是用来查找 bug 的场所**。在生产环境中，研发人员应该专注于找出并消除变化。从查找 bug 到寻找变化，这是一个重要的认知转变。

回顾本课开头的案例，团队在执行故障恢复时犯了 3 个错误。

（1）负责发布的人员没有按规定回退到稳定版本，而是依据开发人员的个人判断行事；

（2）相关负责人因主观认为"一条索引不会导致故障"而隐瞒信息，导致系统无法完全回退；

（3）十几名团队成员没有把重点放在恢复线上业务上，反而试图在生产环境中排查 bug。

这 3 个错误都源于技术人员的思维惯性。在大家的认知里，制度只是参考，模块负责人才是权威——出了问题先找人，至于制度规范，往往置之不理。在排查问题时，大家习惯用排除法，认定"没问题"的模块就直接排除在外。还有人认为，真正的技术高手应该一眼看出错误所在，如果动不动就回退版本，那和"网管只会重启"有什么区别？

但关键在于，当问题发生时，你的第一反应是找 bug 还是找变化。这两种思路会带来截然不同的结果。我们的目标是即使一时找不到 bug，也能妥善处理故障。

这种思维惯性究竟有多普遍？想想看：你是否曾在下班途中被老板召回，紧急处理线上 bug？这种做法看似合理，但其实大可不必。为什么不先回退版本，而要让研发人员顶着压力现场改代码？更糟的是，有些团队会出现这样的情况：生产环境出现问题，研发人员火急火燎地改了代码，但系统发布就要半小时。好不容易上线后，又发现新问题……

我们必须牢记：生产环境绝不允许调试，出现问题就立刻回退，问题分析要放在测试环境进行。你可能会说："这太理想化了吧？大型发布涉及多个系统，哪能说回退就回退？"其实，亚马逊早在十几年前就给出了解决方案：大版本立项，小版本上线——梳理好模块间的依赖关系，让各个系统、服务都能够独立发布。当然，这需要服务版本化和 CI 能力的支持。

以上讨论的是企业系统监控，此外，我们还要重视企业业务的监控。换句话说，企业中任何未达到理想状态的业务环节都需要监控：通过可视化展示问题、制定明确的管理措施，并借助数据化管理来持续提升运营效率和质量。这个道理其实很简单。当企业能够实现全方位的监视、分析和控制，让"眼"看得见全局，"脑"能深入洞察，"手"可精准调控，实现业务数字化、数据可视化和控制自动化时，就标志着企业已经达到了较高的数字化水平。

成长寄语

在本课中，我们从一个实际案例出发，探讨了企业生产环境系统监控的认知和方法。监控的目的是确保系统保持健康状态，主要的监控手段有监视和控制两种。其中，做好控制的关键在于实施流量控制和版本回退。这是因为在大多数情况下，消除变化就意味着消除异常。

不仅技术和业务系统需要监控，研发管理和团队管理同样需要。在研发管理方面，正如我们在“高可用设计”部分提到的：风险会依次通过开发环境、SIT 环境、压测环境、PRE 环境，最终进入生产环境。因此，我们必须严格检查各环境中的异常。研发管理规范应当为代码版本设立明确的环境准入标准，并确保每个异常都有专人负责修正。

在团队管理方面，我们常说组织是结果导向的，但管理工作更应该关注过程。用心经营过程自然会收获理想的结果，反之，若只盯着结果，往往一无所获。作为管理者，是否在项目、产品乃至团队的关键节点设置了监控？是否对异常情况做好了管控？这些差异会带来截然不同的结果。

如果仔细思考前面的内容，你会发现管理与专业技术的许多核心认知其实是相通的，这正是“一理通百理明”的体现。在学习过程中，注重前后联系、交叉思考，将帮助你从更高的维度理解和掌握这些知识。

▶ 本课成长笔记

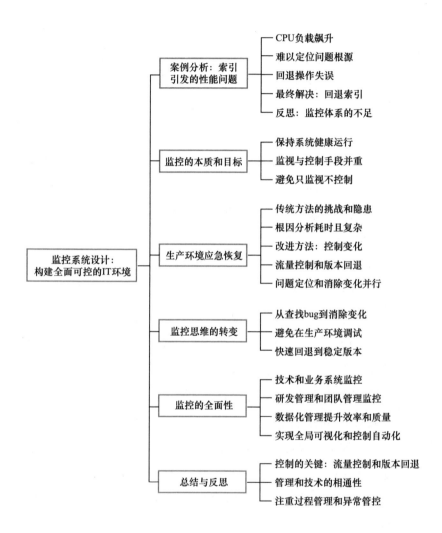

只要没有兑现承诺，就属于异常，就必须加以控制。

异常设计：
构建高可靠性系统的关键

　　这一课，我们聊聊异常设计这个话题。如果你认真读了前面的内容，那么异常设计对你来说应该不是一个陌生的概念。在讨论高可用设计和监控体系建设时，我们已经提到了异常管理。那么，为什么要专门讨论异常设计呢？虽然异常设计是监控体系的一部分，但它并不完全依赖于监控体系或高可用设计。事实上，在企业完成监控体系建设之前，异常设计就能独立发挥作用，快速见效。异常设计不仅能提升 IT 团队快速定位问题的能力，降低生产系统异常的发生频率和数量，更重要的是，它是推动 IT 团队从面向技术转向面向产品、面向用户的关键步骤，这就是我们单独讨论它的原因。

　　在开始之前，我们需要明确什么是异常。你可能会说，导致系统无法正常工作的问题就是异常。说得对，但还不够全面。有些异常虽然当下不会影响生产环境，但未来可能会影响；有些异常在流量较小时不会出现问题，但在流量增大时就可能导致故障。就像日常工作中，每位开发人员都会打印日志，包括 Warning 和 Error。大多数人只关注 Error，忽视 Warning，有时甚至会选择性地忽略 Error。他们觉得，这些日志不一定会影响线上服务，看看就好了。

但往往就是这些被忽视的 Error 和 Warning，最终会引发严重故障。因此，异常实质上是指那些导致产品无法履行对用户承诺的契约的问题。下面让我们通过几个具体的例子来深入理解。

▼ 那些被忽视的异常

早些年，经常网购的人可能听说过电商界的两个绰号："二手×"和"无货×"。商品缺货、品质问题一直是电商界的两大"顽疾"。严格来说，这些都是由于仓储系统、订单系统、质量监测系统不够完善，在业务运营层面产生的概率性问题，并非研发人员眼中的恶性故障。然而，随着用户规模的增大，这些看似不值一提的低概率问题被无限放大。

举个例子，一家电商平台的缺货概率只有 2%，也就是说，配货成功率高达 98%，看起来很理想。但当平台用户数量达到一百万时，就会有两万人遭遇缺货问题。这两万人中，即使只有 30% 的用户习惯在社交平台发帖，也会有 6000 人公开吐槽平台的缺货、质量问题。"好事不出门，坏事传千里"，于是"无货×""二手×"的绰号应运而生，企业声誉严重受损，用户信任度大幅降低，企业不得不付出更大努力来挽回用户。

这说明，许多被忽视的异常最终会严重影响用户体验。产品经理通常对这类问题更敏感，但在职能型研发组织中，产品经理往往不参与代码编写和深度开发；程序员也较少主动与产品经理沟通这些问题。结果，这类问题往往顺利通过开发、测试，最终进入生产环境。在缺乏异常设计的情况下，用户被迫承担了代价，而对开发人员来说，这可能仅仅是一条简单的错误提示。

说到技术层面的异常，我想分享一个 C++ 服务器开发工程师讲述的案例。他们的系统需要处理大量指向不同 CDN（Content Delivery Network，内容分发网络）节点的高频下载请求，经常会出现下载超时或耗时增加的异常。他们的处理方式是：当下载耗时超过 200 ms 时，在日志中打印 Warning；当下载因超时失败时，设置定时重试并打印 Error。我问："然后呢？"他说："没什么了，重试一般都能成功。"我追问："如果一直不成功呢？"他挠挠头说："那可能就会影响业务，研发人员得半夜起来查日志了。"我又问："如果并发压力很大，来不及多次重试呢？"他只是尴尬地笑了笑，没有回答。

你看，我们在进行异常设计时，经常没有履行对用户的承诺。例如，电商平台没有实现"成功下单就要成功配送"的承诺，那位 C++ 服务器开发工程师也没有实现对其他系统模块"准时下载"的承诺。很多人认为，目前的异常没有造成生产环境的严重问题，因此将来也不会出问题。但事实并非如此。在我看来，只要没有兑现承诺，就属于异常，就必须加以控制。那么，如何做好异常设计呢？我们可以从认知、方案和治理 3 个方面来理解。

▼ 异常设计的 3 个核心要素：认知、方案和治理

图 25-1 概括了异常设计的 3 个核心要素：认知、方案和治

理。其中，正确的认知是基础，有效的方案是关键，持续的治理是保障。

图 25-1　异常设计的核心要素：认知、方案和治理

首先，对于异常设计，有 5 点认知必须明确。

（1）异常必须消灭：存在异常就意味着系统有风险，必须消除。

（2）异常必须管理：由于消灭异常是长期工程，短期内要通过管理来控制。

（3）异常处理水平直接影响用户体验：随着用户规模的增大，异常的影响会被放大。

（4）每个异常必须有专人负责：若无具体负责人，管理就会流于形式。

（5）与用户相关的异常优先处理：即便是技术研发，也要以用户为中心。

建立了正确认知后，就要在体系层面管理异常。在之前讨论高可用设计时，我介绍过"交易体系"和"协同体系"的区别。交易体系处理稳定的业务流程，协同体系则处理异常情况。举例来说，当客户订购 500 斤白菜时，如果库存充足，交易体系就能正常履约；如果库存不足，就需要协同体系来处理后续流程。然而，许多开发者只做交易体系，不做协同体系，仅仅抛出异常而不处理，这往往让用户陷入死胡同，最终只能求助客服。

理解了这些认知，我们来看异常设计的具体落实。异常设计包括 4 个核心环节：异常注册、事件触发、协作流程和统计分析。图 25-2 清晰地展现了异常设计的 4 个核心环节，这 4 个环节相互配合，形成一个完整的异常设计闭环。

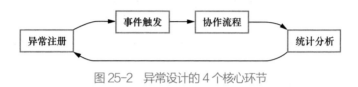

图 25-2　异常设计的 4 个核心环节

其中，异常注册是首要任务，需要记录以下信息。

- 异常的 ID 和名称；
- 异常的具体描述；
- 异常的代码位置；
- 负责人（包括研发、测试和产品负责人）；
- 异常发生时的代码版本；
- 使用的异常处理程序。

同时，企业需要建设异常中心，要求所有系统在此注册异常。当系统运行出现异常时，就会触发异常事件，启动相应的协同处理流程。许多企业在尚未完善异常管理时就已建设了大量系统，这确实使异常设计变得困难。不过，由于大多数异常都记录在日志中，研发人员可以通过收集、归类这些日志异常，再经过异常治理完成注册，从而间接实现目标。

完成异常注册和收集后，下一步就是由相关负责人进行处理，这就进入了异常治理流程。图 25-3 展示了异常治理的完整流程，从异常触发到最终关闭，涵盖了上报、分配、处理和验证等关键环节，形成闭环管理。

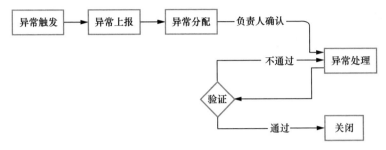

图 25-3　异常治理流程

　　并非所有异常都需要从日志中清除，但对于需要保留的异常，必须提交管理层审批并说明原因。如果理由不够充分，就需要按计划解决。例如，CDN 节点下载失败的问题，我们就要调查是服务商节点问题、系统程序问题，还是机房网络问题。总之，必须查明原因并解决。

　　管理层需要密切关注异常处理情况，包括异常数量、发生频率、系统内异常数量的变化趋势等。我们在季度末、年末进行管理层绩效考核时，会将异常管理情况纳入考核体系，形成异常治理的闭环。

　　你可能会觉得，这样写代码太麻烦了。但别怕麻烦，要看重投入产出比。做好异常设计，不仅能实现系统的高可用、高可靠，预防问题于未然，还能帮助研发和测试人员快速定位 bug。更重要的是，在企业层面，我们能够实现用户体验驱动内部经营完善的逻辑。对技术人员来说，这无疑是提升自我的重要机会。

　　在苏宁期间，我主导开发了"神鉴"系统，就是为了做好企业的异常管理。在彩食鲜，我们也在持续完善异常管理。虽然时间不长，但已经取得显著成效。团队反馈说科技中心所有产品的异常码都已统一管理，相关异常编码和响应信息能实时收集、归类，确保可视化和可统计。

你看，当我们能将复杂的技术细节纳入体系化管理流程时，还有什么困难克服不了？用这种思路管理异常，能让我们更深入地了解一家企业。通过观察企业如何处理异常，就能判断出这家企业的精细化运营和管理水平。

▼ 成长寄语

这一课探讨了异常设计，其核心目的是暴露企业的潜在问题，从而打造最佳的产品体验。在落地异常设计时，我们需要保持耐心。异常将与我们长期共存，而对异常的处理和记录也将逐渐成为企业数字资产的重要组成部分。对直接影响用户体验的问题，我们要恪守契约精神，快速迭代；对企业层面的异常治理，则要坚持长期主义，持续优化。

企业的核心竞争力之一是持续进化的能力。在这个进化过程中，企业遇到的所有问题都应纳入异常管理流程。通过将异常管理数据化、产品化、系统化，结合持续的治理和数据分析，企业才能不断进化并建立竞争优势。相信你一定能把异常管理做得越来越好，让每一个错误都无处可藏。

▼ 本课成长笔记

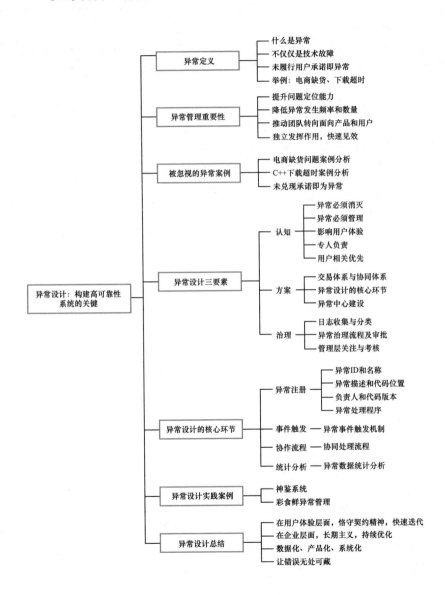

云不仅是技术，更是最佳商业模式。

坚持"拿来主义"，不要与趋势为敌。

26

上云：
企业数字化转型的必由之路

在最后一课，我想和你聊聊"上云设计"这个话题。为什么要在这个时刻谈云计算呢？这与当代 IT 产业的发展趋势密切相关——云计算产业的成熟，已经深刻改变了我们思考问题的方式。

前段时间，我让团队里的一位核心架构师去调研企业上云的可行性，目的是培养他的架构决策能力和思维。说实话，调研结果对我来说并不重要，因为我早已决定：我们必须上云，全面拥抱云计算。让团队做这项调研，主要是为了培养团队能力。

说到这里，你可能觉得似曾相识。确实，我在这本书里多次提到过云资源规划。例如，第 21 课讨论了云上秒级扩容能力如何帮助运维工作；第 22 课建议对非核心系统，在需求匹配的情况下直接选择套装软件或云服务。这样的例子还有很多，都指向一个结论：企业要上云，未来必定上云。

当然，我并非突发奇想或收了赞助才建议大家上云，而是整个 IT 产业的发展趋势在推动我们顺应时代。如果无法形成正确认知，与趋势对抗，必然会影响企业或个人的发展。因此接下来，让我们站在全局视角，深入理解 IT 和云产业的价值与发展方向。

▶ 企业上云：挑战与机遇并存

　　整个 IT 产业的发展历程始于硬件创新。1946 年，英国剑桥大学开始设计并建造第一台实际运行的存储程序式电子计算机 EDSAC。在之后的 10 年里，编译程序和编程语言相继出现。在 1964 年 IBM 推出 System/360 之前，计算机都是定制产品，缺乏统一标准和设计连续性。System/360 的出现标志着计算机开始走向通用化、系列化和标准化。1981 年，IBM 推出了世界上第一台个人计算机，它的体积大幅缩小，开启了计算机进入千家万户的新纪元。从历史角度看，IBM PC 意义重大。但对生活在 2020 年的程序员而言，IBM PC 的性能简直差到令人难以置信——仅有 16K 内存，需要用盒式录音磁带或 5.25 英寸软盘存储，售价却高达 1565 美元。这样又贵又难用的机器，性能甚至不如现在一款几百元的老年手机。

　　IT 软件的发展同样曲折。计算机软件专业出身的人都接触过汇编语言这种面向机器的程序设计语言。如今看来，汇编语言既难理解又复杂，现代软件公司已很少用它开发软件。但在那个年代，人们不会想到会出现 Java、Golang 这样的编程语言，能大幅降低开发成本，提升研发效率。从汇编语言到 Java，从 IBM System/360 到现代计算设备，技术发展呈现出明显趋势：底层黑盒化、价格平民化。换言之，我们越来越不需要关注技术细节，同时技术也变得越来越平价。

　　当技术和服务被整合成产品并接入互联网，让客户可以按需购买时，云计算应运而生。从应用软件的角度来看，IaaS 软件已经相当成熟，而 PaaS 和 SaaS 软件也在快速发展中。其中，Salesforce 堪称 SaaS 软件的一个典范。

那么，IT 技术和云计算的发展究竟呈现出哪些特征呢？我总结为 5 点：形态产品化、价格平民化、自助服务、按需付费和网络访问。云计算本质上是各类云服务的统称，这些服务都以产品形式呈现。

如今，云产品正在快速发展，它们立足于现有产品，融入已有生态。推动这一发展的并非某位 CEO 的个人意志，而是"技术基座不断上移"的社会客观需求。科技本身不与人争利，只有人与人之间才会争利。技术进步推动社会进步，其价值为全社会所共享，也必然走向平民化。企业只要能看清并拥抱这一趋势，在技术演进早期选择恰当时机积极应用，就能获得阶段性的领先优势。

从经济学角度看，实现社会效益最大化的关键在于专业分工。这一逻辑在数字化世界同样适用。对云产品而言，只要存在客观需求，就一定会有人尝试满足需求并将解决方案产品化。无论是 DevOps、微服务框架、多云管理，还是深度学习训练服务、边缘计算服务、量子计算服务，几乎所有需求都能找到对应的解决方案。

对云计算厂商来说，除了企业核心业务逻辑，所有"技术基座"都可以云化，使专业人才发挥所长，客户只需付费使用。对甲方企业而言，IT 投入作为价值成本需要持续加大，但由于经济规律的影响，最终必须寻求公共技术的社会化。双方的深层需求高度契合，也符合社会效益最大化的经济学原理。

因此，关于 IT 和云计算的发展趋势，我认为有两个关键结论：

数字化转型的结果是云会吞噬一切；云不仅是技术，更是最佳商业模式。理解这两点，我们才能正确看待这场变革，找准个人和企业的发展机会。

▼ 拥抱云计算：从战略规划到实际落地

坚持拿来主义，不要和趋势为敌。我认为有 5 点认知值得关注和思考。这些认知既适合普通工程师，也适合 CEO/CTO，关键在于站在什么角度思考，以及如何做出决策。

第一，从业务发展角度出发，倒推上云规划。你可能会想："老乔这个大忽悠，按这么说，CTO 干脆什么都别想，直接上云就行了？"当然不是。上云是为了帮助业务降本提效，做任何事都要从目标出发。我曾主导企业的 IT 设施上云规划，在与云计算厂商的合同中明确写道："完成迁云后，在同等资源下，IT 年度总支出相比 20×× 年降低 55%。20×× 年为迁云实施阶段，年度迁云总费用不得高于前一年 IT 相关基础设施、技术平台总费用。"云产品的优势不仅包括节省资源，还包括节省人力、加速研发等，这些都能换算成财务价值。如果上云后 IT 开销反而更大，那就说明整个规划和管理存在问题，这种情况下就不要贸然上云。图 26-1 展示了以业务为导向，倒推上云规划的流程，强调从业务目标出发，制定合理的迁移策略，并进行持续的监控和优化。

图 26-1 以业务为导向，倒推上云规划

第二，坚持"拿来主义"，不要在企业层级重复造轮子。虽然我们前面讨论过这一点，但很多技术人员仍然很执着。他们经常跟我说："老乔，×× 功能我们自己来做吧，我们能做得更好！"但"更好"到底是怎样的"好"呢？用我们前面讲的知识来理解，就是要明确与用户的契约：消耗多少成本，在多长时间内，实现什么样的产品，性能表现如何。大多数人可能并没有明确这个契约。有时候老板也会犯糊涂，仅仅听研发负责人一说，就不假思索地同意了。通常项目刚启动时，借助开源项目，可能只需要两个人开发，人力成本并不高。但一个季度后，负责人就会要求将项目组扩充至5 人；再过一个季度，项目组可能就变成了 10 个人。老板这才发现自己上了"贼船"，项目变成了"无底洞"，自研成本早已远超购买云服务的开销。如今，许多 IT 研发工作都在重复造轮子，美其名曰"沉淀企业 IT 基因"，实际上却是在浪费 IT 资源，反而阻碍业务发展。企业经营要务实，对非核心业务要坚持"拿来主义"，不要过于理想主义；对核心业务则要坚持长期投入，建立团队推进自研工作。图 26-2 展示了"拿来主义"的决策流程，该流程可帮助企业根据业务需求选择合适的云服务策略，避免不必要的重复开发。

第三，别害怕上云，和乙方一起搞定障碍。很多技术管理者一提上云就如临大敌："顶层规划怎么做？云上架构怎么设计？应用怎么迁移？怎么把云用好？怎么选择云厂商？"还没正式见过服务商，就先把自己吓得不轻——这么多问题都不懂，团队可能支持不了上云改造，不如先搁置计划。

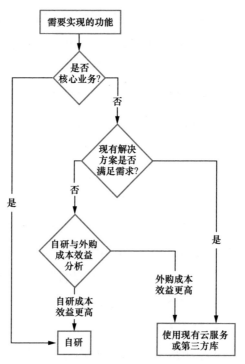

图 26-2 坚持"拿来主义"，避免重复造轮子

根据我在企业上云方面的经验，上云规划确实涉及众多内容：上云方案、现有系统评估、云平台成本优化建议、迁移方案、云主机功能和指标、网络带宽指标、跨国专线带宽指标等。当初我们团队第一次做上云迁移时也是一头雾水。最终的规划文档，一部分来自我们的实际需求，一部分来自云厂商的优势介绍，在持续沟通和商务谈判中逐步完善。图 26-3 展示了与云厂商有效合作的流程，强调持续沟通和优化以确保解决方案的有效性。

第四，以开放心态看待数据隐私。很多人对公有云心存抗拒，担心数据隐私泄露，担心竞争对手借机盗用数据。其实大可不必。我认为，云厂商不会主动盗取客户数据，虽然可能因管理不善导致数据泄露。但反过来想，我们自己管理的数据就真的安全吗？比由头部云厂商管理更可靠吗？恐怕未必。当然，如果实在不放心，选择私有化部署同样可行。图 26-4 展示了根据数据敏感度制定安全策略的决策框架，该框架有助于企业在拥抱云计算的同时保障数据安全。

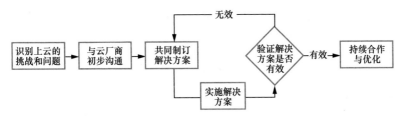

图 26-3　积极拥抱云计算，与云厂商合作解决问题

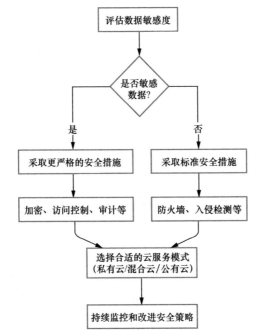

图 26-4　根据数据敏感度制定安全策略的决策框架

　　第五，正确看待云计算的负面影响。你可能会问："老乔，云计算真的那么好，一点负面影响都没有吗？"当然有，但这些主要是组织和文化层面的问题。近年来，通过与众多管理者交流，我越发确信：技术基座的上移终将导致部分初级开发者失去工作机会。这听起来有点骇人，却是不争的事实。过去，许多人安于写代码，既不思考也不追求进步，自嘲为"搬砖码农"。但随着云计算的成熟，这类岗位必然减少。如果企业不以业务为中心，也不以产品为核心，更不具备我们前面讲到的优秀组织架构，很可能在上云过程中陷入各方扯皮的境况。因为上云动了某些人的"奶酪"，使他们习惯的工作方式难以为继。图 26-5 展示了云计算可能带来的负面影响以及相应的应对策略，这可以帮助个人和企业更好地适应云时代。

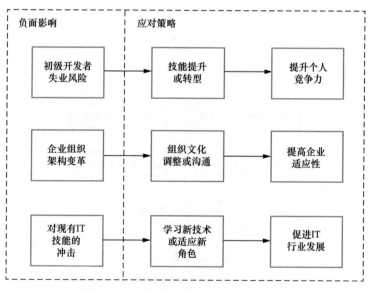

图 26-5　云计算的负面影响和应对策略

如果要用一句话对以上 5 点进行总结，我认为是：坚持"拿来主义"，不要与趋势为敌。我们要清醒地认识到，未来专业分工必将更加明确，技术基座也将持续上移。每家企业都能放下底层技术细节的包袱，专注于自身的核心业务逻辑。这条思考脉络最终会回到原点，形成闭环：对大多数商业公司（非纯技术公司或云计算公司）来说，技术只有在助力业务发展时，才能体现其真正价值。

▼ 成长寄语

曾经，许多研发人员都喜欢跟我说："老乔，你看我做的这个软件，太厉害了，我技术厉害吧？"我经常直言相告："有什么厉害的？你这做的就是个玩具。"你可能会不解，为什么说是玩具？答案很简单：真正厉害的技术，要能包装成产品，对外售卖或提供服务。用户愿意付费的，才是好东西。再多的夸奖，也比不上真金白银更有说服力。

我常说，要站在未来看当下，用 10 年后的眼光看现在。由此可见，对于研发人员来说，个人成长路径其实只有两条：要么成为数字化转型的布道者，推进中国各行各业的数字化转型；要么成为技术专家，进入纯技术公司或云计算公司，设计开发技术产品，提供技术服务。

无论哪条路，都注定要和云计算的未来融合在一起。云计算终将成为未来的水、电、燃气、交通工具。我们必须尽早形成对此事的正确认知，大胆拥抱新的技术趋势和机会。等到大家都看清云计算的发展前景，全部上云时，无论是个人发展还是企业发展，就再也谈不上什么先发优势了。

当然，很多企业因为没有认真规划自己的技术平台，所以难以上云。但如果企业内部已有一个底层技术平台，这就很接近企业级云平台的概念了。如果我们能保持开放的心态，外部平台就只是一个候选方案，与企业生态内的云平台并无本质区别。

农业社会的核心生产力是农民，工业社会是工人，信息社会则是"码农"。经济学告诉我们：个人价值源于稀缺性。看清趋势、拥抱趋势，才能让自己变得稀缺，才能让自己越走越顺！

▼ 本课成长笔记

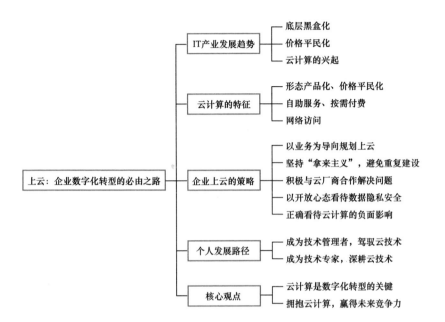